Selbstversorgung aus dem Garten

DK

Selbstversorgung aus dem Garten

Planen, anbauen, ernten, verarbeiten

HUW RICHARDS
SAM COOPER

Inhalt

Vorwort

Braucht man nicht jede Menge Platz, um sich selbst zu versorgen? Dauert das nicht viel zu lange? Muss man nicht bergeweise Kompost kaufen, was das Ganze konterkariert? Und ist Autarkie wegen der ertraglosen Zeit im Frühjahr nicht sowieso unmöglich? Vor nicht einmal zwei Jahren hätte ich auf jede dieser Fragen mit »ja« geantwortet.

Aber diese negative Einstellung hat mich gestört. Mir lag plötzlich sehr daran, zu beweisen, dass Selbstversorgung möglich ist. Also musste ich es für mich herausfinden. Schon allein die Tatsache, dass dieses Buch entstanden ist, gibt im Prinzip die Antwort: Ich kann frohgemut verkünden, dass die Antwort auf alle obigen Fragen »Nein« lautet.

Dieses Buch ist eine Art Reisebeschreibung, die meinen Weg nachzeichnet. Ich habe meine Erfahrungen in einen detaillierten Plan einfließen lassen, der aufzeigt, wie man das ganze Jahr lang Obst, Gemüse und Kräuter für die eigene Küche anbaut. Es enthält jede Menge nützliche Tipps und Strategien, die Sie Ihrem Ziel, sich selbst zu versorgen, hoffentlich ein Stückchen näherbringt.
Huw

Sie möchten mit viel Frischem versorgt werden? Und dann? Um autark zu werden, müssen Sie Ihre Ernte gut organisieren und genug in petto haben, dass es Sie durch die mageren Wochen des Jahres bringt.

Im Gegensatz zu Kochbüchern steht hier deshalb die Küche ganz im Dienst des Gartens. Wir helfen Ihnen, all die Genüsse zu erschließen, die Ihnen Selbstgezogenes verheißt, liefern Ihnen Ideen für Gerichte, und zeigen Ihnen, wie Sie das Geerntete haltbar machen. Vor allem aber erfahren Sie, wie das so effizient wie möglich geht, damit Sie noch Zeit haben, Ihren Garten zu genießen.

In diesem Buch verbindet sich Huws Garten-Know-how mit meiner Erfahrung als ausgebildeter Koch. Wir geben Ihnen das Selbstvertrauen, sich ganzjährig selbst zu versorgen – auf eine Weise, die im Einklang mit Ihrem modernen Alltag steht.
Sam

Grundprinzipien der Selbstversorgung

Ein Garten, der Sie 365 Tage im Jahr geldsparend mit nachhaltig kultivierten Nutzpflanzen versorgt, basiert auf drei Grundprinzipien: Ernährung, Zeit und Kosten. Sobald Sie verstanden haben, wie wichtig dieses Triumvirat ist, können Sie Ihre Reise in Richtung Autarkie starten.

Wir haben den Garten so angelegt, dass sich die Nutzpflanzen auf einem Areal von gerade einmal 10 × 12,5 m anbauen lassen. An oberster Stelle stehen Praxistauglichkeit und Effizienz, denn wir haben in jeder Phase zeit- und kostensparende Strategien miteinfließen lassen. Das reicht von der Auswahl der besten Sorten über effizienten Anbau bis hin zur optimalen Vorbereitung für den Verzehr. Damit sparen Sie Zeit und Geld in Garten und Küche. Die einfache Grafik rechts verdeutlicht unsere Prioritäten.

GRUNDPRINZIPIEN

Die Ernährung steht an der Spitze der Pyramide, denn das Ziel ist es ja gerade, innerhalb des verfügbaren Platzes nährstoffreiche Nutzpflanzen von gesunden Böden zu ernten. Den Sockel der Pyramide bilden Zeit und Kosten – diese Faktoren und Prioritäten müssen ebenfalls in Betracht gezogen werden. Anhand der drei Grundprinzipien zeigen wir auf, wie Sie Ihre Zeit optimal einteilen, um möglichst Gutes und Nahrhaftes möglichst kostengünstig selbst zu produzieren. Sehen wir uns die Grundprinzipien einmal näher an.

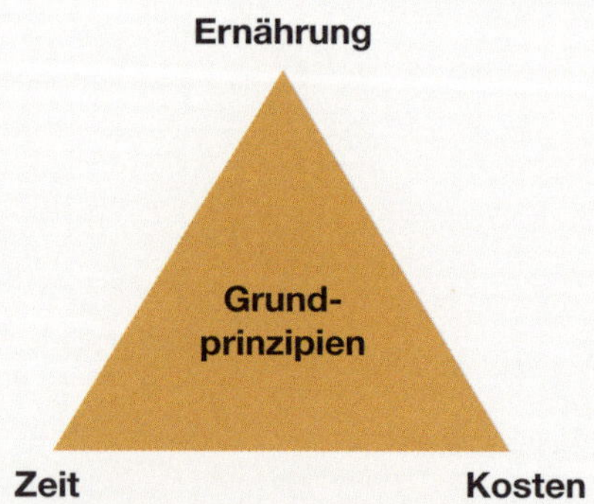

Diese Pyramide veranschaulicht die Grundprinzipien der Selbstversorgung: Ernährung, Kosten und Zeit. An der Spitze: Ernährung.

Ernährung

Der Schlüssel zu einem ertragreichen, resilienten Garten ist ein gesunder Boden. Lebendiges Erdreich, das reich ist an nützlichen Mikroorganismen, bietet Pflanzen lebenswichtige Nährstoffe und lässt sie gedeihen. Wir nehmen deren Inhaltsstoffe auf, wenn wir sie frisch in der Küche verwerten. Wir interagieren also mit ihnen über unsere Geschmacksknospen und den Geruchssinn. Je nahrhafter sie sind, desto besser schmecken sie. Gute Ernährung ist für unsere Gesundheit und unser Wohlbefinden das A und O. Genau wie für die Pflanzen im Garten.

Kosten

Die Abhängigkeit von externen Quellen lässt sich am besten dadurch verringern, dass man kostenlose oder zumindest sehr günstige Ressourcen vor Ort anzapft. Das gilt auch für Material, das regelmäßig besorgt werden muss. Man kann beispielsweise Hochbeete aus gebrauchten Paletten zimmern, eine Kompostieranlage in der Gemeinde nutzen oder Know-how und Ausrüstung mit anderen teilen. Wer für seinen Garten solche Kanäle nutzt, senkt auf jeden Fall seine Kosten, denn das alles schlägt sich in geringeren Ausgaben beim alltäglichen Einkauf nieder.

Zeit

Wenn wir Zeit als Ressource betrachten, die nur einmal verbraucht werden kann, lernen wir schnell, Prioritäten zu setzen. Wir versuchen dann, so viel wie möglich in so kurzer Zeit wie möglich umzusetzen, was wiederum viel Spaß macht. Begreift man, wie wichtig gutes Zeitmanagement und Priorisierung sind, vermeidet man Engpässe und kann sich über viele kleine Erfolgserlebnisse freuen. Sehen Sie Saisonalität und die damit verbundene Abwechslung positiv und begreifen Sie Gartenarbeiten immer auch als Chance.

UMSETZUNG DER GRUNDPRINZIPIEN

Die drei genannten Grundprinzipien der Selbstversorgung sind unsere Leitlinien im Streben nach Autarkie. Immer wenn eine Entscheidung getroffen werden muss, sollte man sie im Hinterkopf behalten, sich fragen, wie die Wahl sich mit einem oder mehreren dieser Prinzipien vereinbaren lässt, und wie man den größtmöglichen Vorteil daraus ziehen kann. Sobald Sie die Prinzipien verinnerlicht haben, können Sie die beiden auf der nächsten Seite im Detail erläuterten Ansätze umsetzen. Damit wissen Sie immer, wo Sie stehen, und können auf dem Weg zur Selbstversorgung sofort Erfolge verzeichnen.

»

Ich finde, immer wenn man etwas Selbstgezogenes auf dem Teller hat, ist das ein Grund zum Feiern.

«

ANSÄTZE DER SELBSTVERSORGUNG

Wer sich langfristig selbstversorgen möchte, muss auf dem Weg dorthin vor allem seine Motivation aufrechterhalten. Entscheidend dabei ist, die Fortschritte festzuhalten, zu wissen, dass die Richtung stimmt, und alle kleinen Erfolge zu feiern, die einem seinem Ziel näherbringen.

Mir haben zwei Ansätze weitergeholfen: der schrittweise und der pflanzenbasierte Weg in die Unabhängigkeit. Sie werden weiter unten erläutert. Bei der ersten Strategie untergliedert man den Weg zu kompletter Selbstversorgung in einfache, leicht umsetzbare Schritte. Mit jedem Schritt kommt man seinem Ziel dabei näher.

Beim zweiten Ansatz ist Unabhängigkeit bei einer ganz bestimmten Nutzpflanze innerhalb einer Saison das Ziel. Ist sie erreicht, kann man auf dem Erfolg aufbauen und weitere Nutzpflanzen hinzufügen.

1. Schrittweise Unabhängigkeit
Setzen Sie sich zu Anfang ein ambitioniertes Ziel, etwa den Verzicht, Gemüse zu kaufen, und stattdessen nur Selbstgezogenes und Eingemachtes zu essen. Realistisch ist das aber nur, wenn man es in Etappen zu erreichen versucht und mit der Zeit immer mehr umsetzt. Beim Training für einen Marathon läuft man auch nicht schon am ersten Tag 42 Kilometer, sondern beginnt mit einem Kilometer und steigert sich allmählich, bis man bereit ist für das ganz große Ziel.

Hier einige entscheidende Stadien, die einen seinem Ziel schrittweise näherbringen. Jeder kleine Erfolg ist es wert, gefeiert zu werden.

- Erste Mahlzeit mit selbst gezogenem Gemüse
- Erste Mahlzeit nur mit selbst gezogenem Gemüse
- Erster Tag, an dem man nur selbst gezogenes Gemüse isst
- Erstes Wochenende, an dem man nur selbst gezogenes Gemüse isst
- Erste ganze Woche, in dem man nur selbst gezogenes Gemüse isst
- Erste Doppelwoche ...
- Erster Monat ...
- Erste Saison ...
- Erstes Jahr!

Rückschläge gehören zum Leben. Wenn Sie auf Probleme stoßen oder eine Pause brauchen, überspringen Sie kein Stadium. Konzentrieren Sie sich auf das, was Sie bisher erreicht haben, etwa eigenes Gemüse einen Tag in der Woche zu essen, bis Sie das Gefühl haben, dass es weitergehen kann.

2. Nutzpflanzenbasierte Unabhängigkeit
Im Gegensatz zum schrittweisen Ansatz ist hier das Ziel, bei der Versorgung mit einem einzigen Gemüse eine Saison lang unabhängig zu bleiben, etwa bei Salat oder Knoblauch. Einen Sommer lang nur eigenen Salat zu essen oder Knoblauch anzubauen, der den ganzen Winter reicht, erfordert einen Zeitrahmen, ist aber immer noch einfacher, als sich um alles zu kümmern, was im Garten heranwächst. Wenn sich mit der Zeit die Produktivität erhöht und Sie souveräner werden, können Sie sich für jede neue Saison ambitioniertere Ziele setzen, etwa ein ganzes Jahr lang nur Kartoffeln der Marke Eigenanbau zu essen.

TIPP
Für den Anfang sind mehr- oder einjährige Kräuter wie Rosmarin oder Petersilie ideal. Sie brauchen nicht viel Platz, sind unkompliziert und lassen sich gut haltbar machen.

Den Garten anlegen

01

Überblick

Mit den Grundprinzipien moderner Selbstversorgung sind Sie nun vertraut. Als Nächstes legen wir einen Garten an, in dem wir das alles umsetzen. Anschließend machen wir uns an die Aussaat und legen den Grundstein für eine ertragreiche Saison, in der wir viel Spaß haben.

GRÖSSE UND ERTRAG

Bei der Anlage unseres Gartens haben wir einen Ertrag von 365 kg innerhalb eines einzigen Jahres anvisiert. Das entspricht täglich 1 kg für zwei Erwachsene oder je drei von fünf Portionen, die pro Tag empfohlen werden.

Von der ersten Aussaat Anfang März vergingen gerade einmal fünf Monate, bis wir 200 kg oder 2500 Portionen frischer Erzeugnisse beisammen hatten. Das alles konnten wir aus einem etwa 10 x 12,5 m großen Garten holen, was ungefähr einem Drittel bis der Hälfte der durchschnittlichen Schrebergartengröße entspricht. Bei einer reinen Anbaufläche von 75 m^2 (ohne Wege) war somit ein Ertrag von 5 kg/m^2 das Ziel. 200 Tage nach der ersten Aussaat knackten wir die 365 kg – fünf Monate früher als geplant! Und genau diese Erfolgsformel vermitteln wir in diesem Buch.

Anpassung an den eigenen Garten

Ihr Grundstück unterscheidet sich aller Wahrscheinlichkeit nach sehr von unserem Selbstversorgungsgarten, der exakt in den verfügbaren Raum eingepasst wurde. Trotzdem können Sie viele der wichtigsten Module auch bei sich umsetzen. Neueinsteiger sollten es langsam angehen und in der ersten Anbausaison lediglich zwei, drei Komponenten anlegen, um sicherer zu werden.

Wenn Sie den Garten aber komplett neu anlegen, rate ich Ihnen, den Schwerpunkt auf den Anbau unter Glas zu legen, indem Sie Mistbeete oder Folientunnel einrichten. So verlängern Sie die Anbausaison und erweitern die Palette der Nutzpflanzen. Als Nächstes konstruieren Sie zwei, drei Rahmenbeete für Hauptgemüse wie Kartoffeln und Zwiebeln. Schließlich bauen Sie mindestens einen Komposter, um mit der Verbesserung Ihrer Böden beginnen zu können.

In diesem Kapitel erfahren Sie, wie Sie die einzelnen Gartenkomponenten anlegen.

Rahmenbeete

Rahmenbeete sind das »Knochengerüst« des Selbstversorgungsgartens. Durch das Untergliedern der Freilandfläche in kleinere Abschnitte statt eines einzigen großen Blocks wird die Bewirtschaftung wesentlich vereinfacht. Um wertvolle geschützte Anbaufläche zu bekommen, haben wir außerdem einige Beete mit Folientunneln abgedeckt.

GRÖSSE UND AUSRICHTUNG

Bei Rahmenbeeten (Bild rechts) gilt es, die Größenverhältnisse zu wahren. Idealerweise baut man das Beet so groß wie möglich, aber ohne dass man sich zu sehr strecken muss, um überall hinzukommen. Ist das Beet zu lang, neigt man dazu, darüberzuspringen, statt außen herumzugehen. Ist es zu breit, muss man darauf treten, um in die Mitte zu gelangen. Ein ideales Rahmenbeet sollte also nicht länger als 3 m und nicht breiter als 1,2 m sein. Beete im Folientunnel können allerdings breiter angelegt werden, denn die überdachte Fläche ist so wertvoll, dass ich mich beim Pflanzen und Ernten gern etwas mehr strecke. Eine Längsseite sollte nach Süden zeigen (mehr dazu auf S. 26).

WÄNDE

Wände geben Beeten eine klar definierte Begrenzung. Verwenden Sie feste Materialien wie Holz oder Betonblöcke, dann kann man sich daraufsetzen oder Rankgitter befestigen. Seitenwände erhöhen die Bodentiefe, vor allem, wenn man nicht genug Oberboden im Garten hat. Zudem verhindern sie, dass Unkraut aus Wegen in die Beete gelangt. Am erschwinglichsten allerdings ist ein Hügelbeet: Solange die Oberbodenschicht mindestens 20 cm dick ist, kann man damit gut arbeiten.

SUBSTRAT

Füllen Sie das Beet zu zwei Dritteln mit Oberboden und

SCHLÜSSELLOCHBEET

Wer Anbauflächen in Ecken oder neben Begrenzungen nutzen möchte, kann solche runden Hochbeete mit Zugang anlegen. Siehe das Salatbeet auf S. 42–43.

das restliche Drittel mit Kompost. Haben Sie nicht genug Kompost, reicht zur Not auch eine 5 cm dicke Schicht, die Sie in die oberste Oberbodenschicht einarbeiten. Alternativ füllt man die Beete allmählich wie flache Komposthaufen, indem man Material hineinwirft, das normalerweise in den Komposter kommt, etwa Laub, Grasschnitt, Kaffeesatz und geschredderter Karton, und das alles mit einer Lage Kompost abdeckt. Mit der Zeit zersetzt sich das Material und reichert die Erde mit Nährstoffen an.

Tipp

Bei der Hügelkultur werden Beete aufgeschichtet, die aus mehreren Lagen sich allmählich zersetzender organischer Substanz bestehen. Sie sind eine preiswerte, wirksame Hochbeetvariante.

WEGE

Wege sollten so breit sein, dass man zwischen den Beeten eine Schubkarre hindurchmanövrieren oder in die Hocke gehen kann, um Routinearbeiten durchzuführen. Ich arbeite im Selbstversorgungsgarten vorwiegend mit Eimern statt Schubkarren und komme daher mit einer Breite von 40 cm aus. Der Hauptweg (vom Tor zum Folientunnel) sollte allerdings mindestens 60 cm breit sein. Falls Sie das in Ihrem Garten so nicht umsetzen können, ermitteln Sie die geeignetste Wegbreite mit zwei Holzbrettern und einem Maßband.

Als Wegebelag verwende ich Hackschnitzel. Sie sehen super aus, bieten Halt und man geht gut darauf. Zudem kann Wasser hindurchsickern. Nicht zuletzt liefern die Hackschnitzel den nützlichen Mikroorganismen im Boden Nahrung.

FOLIENBEETE

Folienbeete sind im Prinzip Rahmenbeete mit Folienabdeckung auf Rundbögen, also eine Art Mini-Folientunnel. So entsteht eine geschützte Anbaufläche im Freiland, die eine besonders frühe oder späte Ernte ermöglicht. Ich zeige Ihnen, wie Sie ein 3 x 1,2 m großes Folienbeet bauen. Es ist für meinen Garten gerade richtig, aber Sie können es natürlich so groß konstruieren, wie Sie es brauchen. Ich habe Standardbretter und Folien verwendet und die Abdeckung mit Scharnieren an einer Seite befestigt, um sie aufklappen zu können (siehe Bild unten).

Sie brauchen:

- 3 Bohlen, 3 m lang, Querschnitt 75 x 50 mm
- 2 Dachlatten, 3 m lang, Querschnitt 25 x 50 mm
- 2 Bohlen, 1,2 m lang, Querschnitt 75 x 45 mm
- 2 Bohlen, 60 cm lang, Querschnitt 75 x 50 mm
- 8 PE-Rohre, 3 m lang, 22 mm
- 3 Edelstahl-Scharniere
- 5 x 2 m Folie, UV-beständig
- Edelstahlschrauben, 80 mm
- Edelstahlschrauben, 40 mm
- 2,4 m dünne Holzleisten
- Nägel (länger, als die Holzleisten dick sind)

Werkzeug

- Hammer
- Holzsäge
- Maßband
- Stift
- Bohrmaschine
- 25-mm-Bohrer

1. Material und Werkzeug bereitlegen. Das Holz zuschneiden, falls nötig.

2. Den Rahmen konstruieren. Dazu zwei 3-m-Bohlen und zwei 1,2-m-Bohlen auf einer ebenen Fläche so zu einem Rechteck legen, dass die flache Seite nach oben zeigt. Mit den 80-mm-Schrauben zusammenfügen.

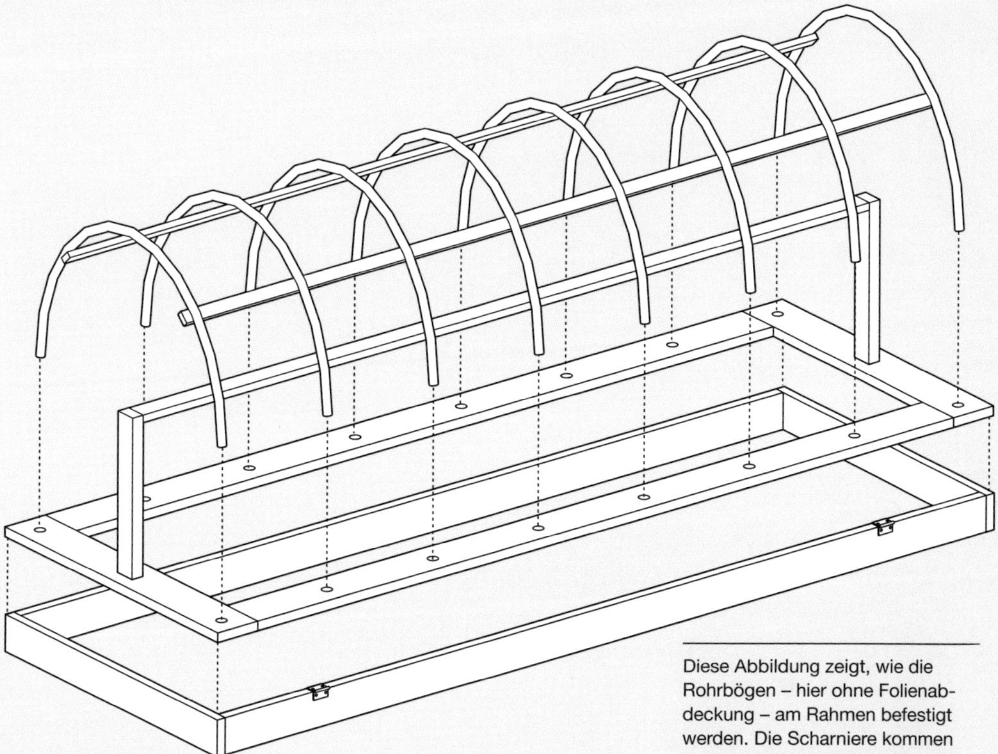

Diese Abbildung zeigt, wie die Rohrbögen – hier ohne Folienabdeckung – am Rahmen befestigt werden. Die Scharniere kommen auf eine Seite des Beetrahmens.

3. Die zwei 60-cm-Bohlen in der Mitte jeder kurzen Seite des Rechtecks vertikal stellen, sodass die flache Seite nach außen zeigt. Mit 80-mm-Schrauben hochkant an den Rahmen anschrauben. Die dritte 3-m-Bohle so an das obere Ende der beiden senkrechten Bohlen schrauben, dass sie die beiden wie ein Firstbalken verbindet.

4. Die beiden Scharniere jeweils 1 m von jeder Ecke entfernt mit 40-mm-Schrauben am Abdeckungsgerüst befestigen. Dann die Abdeckung mit den Scharnieren an einer langen Seite des Beetrahmens befestigen.

5. Vor dem Befestigen der Bögen mit dem 25-mm-Bohrer 8 Löcher in jede Längsseite des Rahmens bohren. Das erste Loch etwa 5 cm von den beiden Enden entfernt, dann die übrigen 6 Löcher in etwa 42 cm Abstand zueinander bohren.

6. Die acht 3-m-Rohre in die Löcher stecken und zu einem Bogen biegen. Schrauben quer in den Rahmen und durch die Rohre bohren, um die Rohre in ihren Löchern zu fixieren.

7. Die beiden 3-m-Dachlatten zu beiden Seiten des Bogengerüsts auf halber Höhe befestigen, um dem Bogentunnel Stabilität zu geben. Auf der Innenseite mit Schrauben an den Rohren befestigen. Sie müssen exakt waagrecht verlaufen.

8. Zum Schluss die Folie befestigen. Dazu Folie über die Bögen legen und gleichmäßig ausrichten. Die dünnen Holzleisten entlang der langen und kurzen Seiten des unteren Holzrahmens über die Folienenden legen und annageln, um die Folie rundherum an den Bohlenkanten zu befestigen. Dazu eventuell eine zweite Person hinzuziehen, die die Folie strafft, während Sie die Enden mit den Leisten am Rahmen fixieren.

Mistbeete

Jack First schreibt in seinem Buch *Hot Beds*, dass in einem Mistbeet das warme Milieu durch die Zersetzung von organischen Substanzen entsteht. Dank der geschützten Bedingungen im Beet kann Gemüse darin sehr früh auf den Weg gebracht werden.

Die Mistbeetkultur gehört zu den produktivsten Anbaumethoden auf begrenztem Raum. Sie liefert schon im März und April Gemüse, das normalerweise erst im Mai oder Juni erntereif ist. Mistbeete bestehen aus zwei Rahmen: einem einfachen äußeren, der die organische Substanz zusammenhält, und einem inneren, der Sämlinge schützt und Wärme speichert. Auf dem inneren Rahmen liegen zwei »Fenster«, die Licht hineinlassen (Bild rechts). Sie sind nicht befestigt und können abgenommen werden. Eine detaillierte Bauanleitung für den inneren Rahmen finden Sie auf Seite 24. Mistbeete lassen sich auch als Komposter nutzen, sodass man am Ende der Saison jede Menge Material für Hoch- und Rahmenbeete beisammen hat.

Außenrahmen

Der Außenrahmen ist idealerweise 1,5 x 1,5 m groß. Er lässt sich aus preiswertem Holz bzw. Altholz wie etwa Paletten, alten Zaunbrettern oder Schalungstafeln zimmern. Empfehlenswert sind außerdem Stützpfosten und Spanngurte. Sie verhindern, dass sich der Außenrahmen nach dem Befüllen nach außen wölbt.

Innenrahmen

Er ist kleiner, idealerweise 1,2 x 1,2 m. Ich empfehle, ihn aus 2–3 cm dickem Holz zu bauen, damit er lange hält. Obenauf kommen zwei Klappfenster, die man mit einem Stock offen halten kann, damit an warmen Tagen Luft ins Innere kann. Bei Wind müssen die Fenster gut gesichert werden. Am einfachsten geht das mit einem Spanngurt und U-förmigen Nägeln.

Füllung

Früher wurden Mistbeete mit einer Mischung aus Pferdedung und Stroh gefüllt, meist im Verhältnis 1:1, also je zur Hälfte braunes (Stroh) und grünes (Mist) Material. Statt Pferdemist kann man auch Seetang, Grasschnitt oder einen anderen Stallmist ein-

setzen, während statt Stroh Hackschnitzel, geschredderter Karton und altes Heu verwendet werden können. Geben Sie abwechselnd dünne Schichten braunes und grünes Material hinein. Versuchen Sie, Holzmulch von weniger als 7 cm dicken Ästen aufzutreiben – er ist ideal, denn er enthält 75 Prozent der in Bäumen gespeicherten Mineralien. Das allein reicht aus, um Wärme zu erzeugen, sodass man nichts anderes mehr braucht.

Gibt man nach und nach Material in das Beet, sollte man jede Schicht festtreten, um Lufteinschlüsse herauszupressen. Das sorgt dafür, dass die Temperatur in der Masse über einen längeren Zeitraum relativ konstant bleibt. Nach dem Befüllen auf die gewünschte Höhe (siehe Tabelle unten) weichen Sie den Inhalt ein, bis Wasser unten herausrinnt. Zum Schluss geben Sie 8–10 cm Kompost obenauf und warten 2–3 Tage, bis sich alles setzt. Dann kommt der Innenrahmen darauf, zunächst ohne die Fenster. Er wird 3–4 cm in das Substrat gedrückt und mit weiteren 8 cm Kompost befüllt, bevor man die Fenster daraufsetzt. So bleibt zwar nur wenig Raum für die Pflanzen, aber der heizt sich dafür schneller auf. Wenn die Sämlinge größer werden, kann man den Innenrahmen nach und nach etwas heben, um geringfügig mehr Platz zu schaffen.

Die Füllhöhe im Beet entscheidet, wie lange Wärme generiert wird.

Füllhöhe	Wärmeentwicklung für
80–90 cm	3 Monate
60–70 cm	2 Monate
35–45 cm	1 Monat

Ich stabilisiere den Außenrahmen zusätzlich mit Pfosten (oben). Wenn der Rahmen befüllt ist, weicht man den Mist und das Stroh ordentlich ein (links).

Auf der nächsten Seite erfahren Sie, wie Sie den Innenrahmen (oben) und die Fenster (rechts und unten) bauen.

DEN INNENRAHMEN KONSTRUIEREN

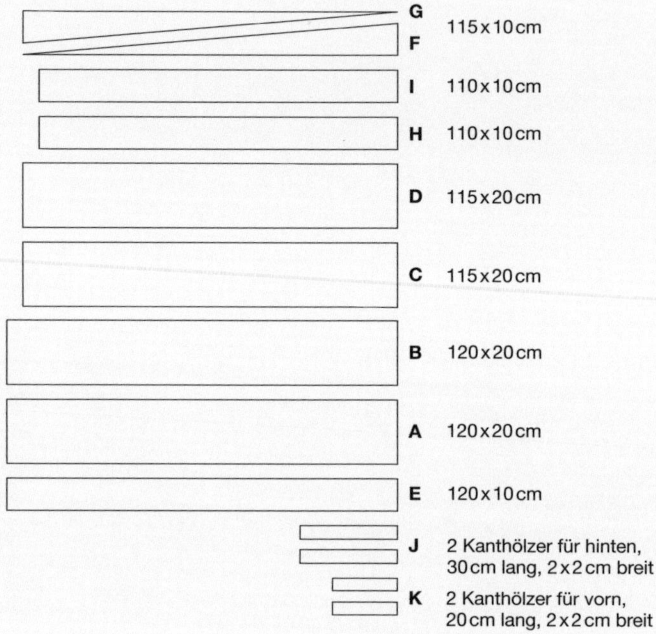

Materialien

Die Bauteile sind mit Buchstaben markiert (rechts). Verwenden Sie etwa 2,5 cm dicke Bretter. Sie isolieren besser und halten länger.

Für den Rahmen

- 1 Brett, 115x10cm für F+G
- 2 Bretter, 110 x10cm für H+I
- 2 Bretter, 115x 20cm für C+D
- 2 Bretter, 120x20cm für A+B
- 1 Brett 120x10cm für E
- 4 Kanthölzer : 2 à 30cm (J), 2 à 20cm (K), jeweils 5x5cm dick
- Edelstahlschrauben, 4–5cm lang
- 2 U-förmige Nägel, verzinkt

Für jedes Fenster

- 2 Kanthölzer, 130cm lang, Durchmesser 5x5cm
- 2 Kanthölzer, 50cm lang, Durchmesser 5x5cm
- 1 Brett 40x5cm
- 2 Leisten 60x5cm
- 2 Leisten 110x5cm
- 1 durchsichtige PE-Plastikfolie 80x200cm
- Edelstahlschrauben, 8cm lang
- Edelstahlschrauben, 5cm lang

Werkzeug

- Spanngurt
- Säge
- Bohrmaschine
- Schraubenzieher
- Hammer
- Schere oder Messer

Den Rahmen konstruieren

1. Die Bretter F und G diagonal in 2 Dreiecke zersägen.

2. Die Basis des Rahmens zimmern. Die beiden 20-cm-Kanthölzer an jedes Ende von Brett A und die 30-cm-Kanthölzer an die Enden von Brett B schrauben.

3. Die Enden von Brett C und D an die Kanthölzer schrauben, die an Brett A und B befestigt wurden, sodass ein rechteckiger Rahmen entsteht.

4. Brett E an die 10 cm der Kanthölzer schrauben, die über Brett B hinausragen.

5. Die beiden dreieckigen Bretter F und G mit dem kurzen Ende an die oberen 10 cm der 30 cm langen Kanthölzer schrauben. Vom spitzen Ende aus 10 cm nach hinten gehen und dort eine Schraube von oben in das Brett schrauben.

6. Die Bretter H und I seitlich auf den dreieckigen Brettern befestigen, sodass ihre Oberkante parallel läuft, die Bretter H und I also etwas geneigt verlaufen. Zum oberen Ende der Bretter G und F 5 cm und zu ihren beiden Enden 2,5 cm Abstand halten.

7. U-förmigen Nagel mittig ins obere Ende von Brett C

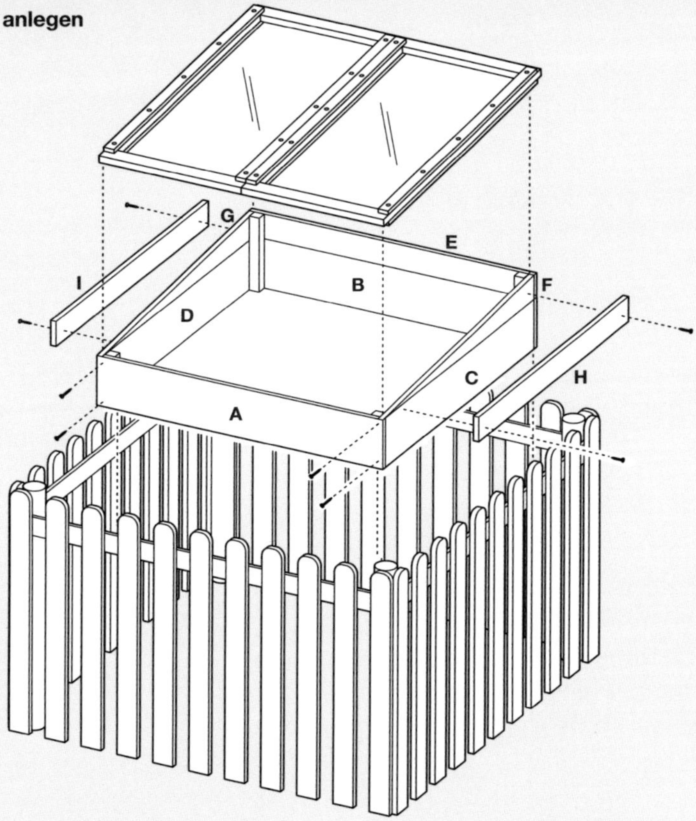

Das Diagramm zeigt, wie sich der Innenrahmen und die Fenster, die obenauf kommen, zusammenfügen. Innenrahmen und Fenster müssen in den Außenrahmen passen.

einschlagen – es dient später als Öse für den Spanngurt. Einen weiteren U-förmigen Nagel an der entsprechenden Stelle an der Außenseite von Brett D einschlagen.

Die Fenster konstruieren

1. Die 50 cm und 130 cm langen Kanthölzer mit 8-cm-Schrauben zu einem Rechteck zusammenfügen.

2. Das kurze 40-cm-Brett so mit 5-cm-Schrauben an die Innenseite eines der 50 cm langen Kanthölzer schrauben, dass es zur Hälfte übersteht. Es verhindert als Stopper, dass das Fenster in den Rahmen rutscht (siehe S. 23, Bild oben rechts).

3. Das Fenster mit dem Stopperbrett nach unten auf den Boden legen. Die Folie darauflegen, sodass sie an jedem Ende etwas übersteht.

4. Eine dünne 60-cm-Leiste oben an das Ende der Folie legen (an dem Ende, wo das Stopperbrett befestigt ist) und Folie 4- bis 5-mal herumwickeln, bis sie gespannt ist (siehe S. 23, Bild unten links). Mit 5-cm-Schrauben in gleichen Abständen an die Außenseite des Fensterrahmens schrauben (siehe S. 23, Bild unten rechts).

5. Die zweite 60-cm-Leiste an das andere Ende der Folie legen und ebenso aufrollen wie die erste, bis es gespannt ist, dann ebenfalls mit 5-cm-Schrauben an die Außenseite des Rahmenkantholzes schrauben.

6. Um die Längsseite der Folie zu fixieren, die zwei 110-cm-Leisten mit 5-cm-Schrauben in gleichen Abständen auf die beiden 130-cm-Kanthölzer des Rahmens fixieren. Überstehende Folie abschneiden.

7. Bespannung mit Folie beim zweiten Fenster wiederholen.

8. Die beiden Fenster auf den Innenrahmen legen. Sie sollten gut darauf passen.

Folientunnel

Folientunnel sind die wertvollsten Anbauflächen in Gärten. Sie bieten eine geschützte Umgebung und erweitern die Bandbreite der Nutzpflanzen, die in unserem gemäßigten Klima gedeihen, ganz beträchtlich. Ich nutze meinen Folientunnel zu allen vier Jahreszeiten – vom Frühjahr für das Vortreiben von Sämlingen bis zum Winter, um frische Salate zu ernten.

GRÖSSE UND AUSRICHTUNG

In unserem Garten steht ein 6 x 3 m großer Folientunnel. Diese Größe ist nicht nur ideal, um eine ordentliche Ernte einzufahren, sie passt auch vom Verhältnis her zu den Freiland-Beeten. Dank der Breite ist Platz für einen Weg durch die Mitte mit je zwei 1,2 m breiten Beeten zu beiden Seiten. Diese Rahmenbeete werden genauso konstruiert und befüllt wie die im Freiland (siehe S. 16). Ich empfehle allerdings, den Anteil von Kompost (also organischer Substanz) im Beet auf 50 Prozent zu erhöhen, damit das Substrat so viel Feuchtigkeit wie möglich speichert. Bei Hitze können die Beete im Folientunnel nämlich rasch austrocknen, wenn keine Pflanzen- oder Mulchdecke die Oberfläche schützt.

Ausgerichtet werden sollte der Folientunnel genauso wie die Freilandbeete in Ost-West-Richtung. Anders gesagt: Eine Längsseite zeigt nach Süden, ein schmales Ende nach Westen, das andere nach Osten.

KAUF UND KONSTRUKTION

Fast alle Gartenbesitzer besorgen sich ihre Folientunnel als Bausätze.
Sie bestehen aus einem Metallrahmen, Holztüren und einer Plastikfolie als Abdeckung. Dazu gibt es etliche Fundamente, die in den Garten passen. Ein guter Hersteller sollte klar spezifizieren, welcher Tunnel sich für welches Grundstück am besten eignet, und eine verständliche Bauanleitung mitliefern. Sie brauchen mindestens eine weitere Person, die beim Bau hilft. Viele Hersteller bieten einen Montageservice an. Man kann aber auch örtliche Firmen beauftragen, den Tunnel aufzustellen.

WÄSSERN

Das Wässern mit Gießkannen oder einem Schlauch

kostet Zeit und Kraft. Ich empfehle, Perl- bzw. Sickerschläuche im Tunnel zu verlegen, entweder vor dem Bepflanzen der Beete oder danach. Dann müssen Sie nur noch den Hahn öffnen (aber nicht vergessen, ihn auch wieder zu schließen!). Am effizientesten ist es, sie knapp unter der Oberfläche zu vergraben. Gewässert wird am besten frühmorgens oder am späten Nachmittag. Zwei, drei 35–40 Minuten lange Bewässerungseinheiten pro Woche mit dem Sickerschlauch reichen locker.

VORTEILE IM WINTER

Ein Folientunnel eignet sich nicht nur für den Anbau vieler Sommergemüse wie Tomaten. Bei guter Planung kann er auch im Winter erstaunlich viel liefern, etwa frisches Blattgemüse und Salate. Auf S. 109 erfahren Sie, wie Sie auch in den dunkleren Monaten des Jahres bis in das Frühjahr hinein jede Menge Frisches für die Küche aus dem Tunnel herausholen. Dank der geschützten Bedingungen kann man darin sogar nicht ganz winterharte Pflanzen durch die kalte Jahreszeit bringen.

Topfbank und Werkzeuglager

Die Topfbank ist das Drehkreuz des Gartens. Hier wird ausgesät und umgetopft. Eine eigene Topfbank ist schnell zusammengezimmert. Platziert man auch noch ein paar Regalbretter darunter, kann man dort die wichtigsten Utensilien für den Garten verstauen, von Gartenscheren über Saatschalen bis hin zu Etiketten für die Beschriftung.

TOPFBANK

Ein simpler, preiswerter, selbst gebastelter Tisch aus Brettern auf Böcken ist die ideale Topfbank, wie ich festgestellt habe. Meiner besteht aus zwei A-Böcken, auf denen zwei oder drei Bretter als stabile Arbeitsfläche liegen. Die Bank ist leicht und kann problemlos von einer Person umgestellt werden.

Damit beim Aussäen und Umtopfen nicht zu viel Substrat auf dem Boden landet, steht auf meiner Topfbank ein großer, mit Erde gefüllter Gummitrog. Als improvisierte Pflanzwanne kann man aber auch eine stabile, auf einer Seite ausgeschnittene Kartonschachtel verwenden. Sie muss nur nach einigen Wochen ersetzt werden.

Sie brauchen:

- 8 Bohlen, 67 cm lang, Querschnitt ca. 8 x 5 cm
- 8 Bohlen, 90 cm lang, Querschnitt ca. 8 x 5 cm
- 4 Scharniere mit dazu passenden Schrauben
- 32 Holzschrauben, 7–10 cm lang
- Bretter für die Arbeitsfläche

1. Eine der vier Stützen aus zwei langen und zwei kurzen Bohlen wie in der Abbildung rechts gezeigt zusammenschrauben. Alle vier Stützen auf diese Weise konstruieren.

2. Zwei Scharniere an das obere Ende einer Stütze schrauben und mit einer zweiten Stütze verbinden. Danach sollten sie sich auseinanderklappen und als A-Bock nutzen lassen. Die anderen beiden Stützen auf die gleiche Weise verbinden.

3. Die beiden Böcke nebeneinanderstellen und die Bretter darauflegen.

Aufbewahrungskisten und Pflanzgefäße

Aus alten Schalbrettern und Formsteinen lassen sich einfache Regale unter der Topfbank konstruieren. Dazu an jedes Ende einen Stein stellen, ein Brett darüberlegen und das Ganze wiederholen.

Platz für Sämlinge

Nach der Aussaat in Töpfen und Topfplatten braucht man einen Platz, an dem alles keimen kann. Ich empfehle, ein Minigewächshaus mit Drahtgitterregalfächern zu kaufen und es neben die Topfbank zu stellen. Wenn Ihr Budget oder der geringe Platz es nicht zulässt, können Sie auch ein Drahtregal über die Topfbank hängen, indem Sie es an den Streben des Folientunnels befestigen.

WERKZEUG

Wer einen festen Platz hat, an dem er sein Werkzeug lagert, kann effizienter arbeiten, weil er nicht ständig suchen muss. Ich lege mein Handwerkzeug in ein altes Schuhregal, das unter der Topfbank steht. Langstielige Werkzeuge lassen sich zwischen die Bank und das Ende des Folientunnels stellen. Hier eine Liste mit Werkzeug und anderen Gartenutensilien, die ich für unverzichtbar halte:

Wichtige Werkzeuge und andere Ausrüstung

- Handschaufel
- Handgabel
- Taschenmesser
- Pflanzenschere
- Gartenschere
- Schnur
- Etiketten
- Kugelschreiber und Bleistift
- Notizblock
- Gartenhandschuhe
- Handhacke
- Bürste

Langstielige Werkzeuge

- Astschere
- Schaufel
- Grabegabel
- Rechen
- Pendelhacke oder Schuffel

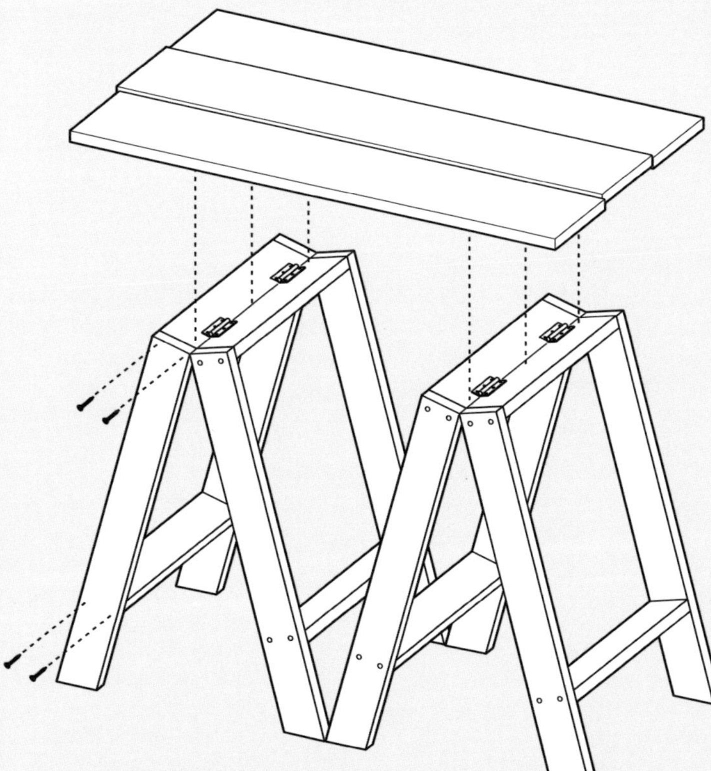

Die Abbildung zeigt, wo Schrauben und Scharniere angebracht werden müssen. Über die Böcke werden drei Bretter gelegt.

Bewässerungs-station

Ich finde: Eine einfache Bewässerungsstation ist eine gute Bewässerungsstation. Sie muss leicht zu benutzen und zugänglich sein und zudem verlässlich Wasser liefern. Wir haben uns für ein übersichtliches System mit reichlich Speichervolumen entschieden.

WASSERQUELLE

Als Erstes müssen Sie eine Quelle erschließen. Fast alle Haushalte und Kleingärten sind an die öffentliche Wasserversorgung angeschlossen, aber da Trinkwasser eine wertvolle Ressource ist, sollte man nach Möglichkeit Regenwasser auffangen. Leiten Sie das, was von Schuppen, Häusern, Gewächshäusern und Garagen abläuft, in Fässer oder Tanks. Man kann sogar bei Starkregen eine große Plane auslegen und damit Wasser sammeln.

WASSER SPEICHERN

Wasserspeicher gehören zu den wichtigsten Elementen von Selbstversorgungsgärten. Sie bewähren sich vor allem dann, wenn es einmal länger nicht regnet oder das Gießen in einzelnen Regionen wegen Trockenheit zeitweise beschränkt wird. Ideal ist ein Volumen von 500 Litern, was 50 Gießkannen entspricht. Ich arbeite mit IBC-Containern (Bild rechts), da sie benutzerfreundlich und preiswert sind. Mein Exemplar hat 1000 Liter Fassungsvermögen. Man kann die Container sogar stapeln, wenn man das Volumen verdoppeln will, ohne Bodenfläche zu opfern. Wer keinen Wasseranschluss im Garten hat, kann einen Schlauch an den oberen Tank anschließen, um mit Schwerkraft zu wässern, und den unteren Tank als Reserve behalten.

Doppelfunktion

Wir nutzen den Käfig unseres IBC-Containers als Rankgitter für Kletterbohnen. Das sieht gut aus, die Pflanzen profitieren von der Wärme, die über Nacht im Wasser gespeichert wird, und man kann zusätzlich Fleischerhaken daran hängen, um Gießutensilien aufzubewahren.

Schlauch

Ich empfehle einen 20-m-Schlauch, um jede Stelle im Garten bequem zu erreichen. Schlauchrollen oder -trommeln an einer Wand oder einem Zaun sparen Platz und verhindern, dass man über den Schlauch stolpert. Eine Mehrzweckdüse als Aufsatz sollte reichen, voraus-

gesetzt, es gibt eine grobe Einstellung zum gründlichen Einweichen älterer Pflanzen und eine feine Einstellung für empfindliche Pflanzen oder frische Aussaaten.

Regentonne
Manchmal ist es einfacher, eine Gießkanne ins Wasser zu tauchen und blitzschnell volllaufen zu lassen, als sie mit dem Schlauch zu füllen. Mit einem Überlaufventil verhindern Sie ein Überlaufen der Tonne. Robuste recycelte Abfalltonnen mit Deckel sind eine preiswerte Alternative zu neuen Fässern.

Gießkannen
Wer nicht ständig mit einem Schlauch hantieren will und eine kleine Fläche hat, kann mit zwei 10-l-Gießkannen arbeiten. Ihr Vorteil: Sie lassen sich auch zum Ausbringen von Dünger einsetzen.

Bretter
Halten Sie ein paar 1-m-Bretter griffbereit (meine stammen von Paletten). Sie werden über Direktaussaaten gelegt, um die Verdunstung zu verringern. Wenn Böden zu rasch austrocknen, sinkt die Keimrate. Ich schütze mit der »Brettermethode« Möhren-, Pastinaken- und Steckrübensaaten. Sobald die Samen keimen, muss man sie aber wegnehmen.

Begrenzungen und vertikaler Anbau

Die meisten Gärten haben einen rechteckigen Grundriss und sind grob nach Norden, Süden, Osten oder Westen ausgerichtet. Bevor man entscheidet, welche Nutzpflanzen an welcher Begrenzung den höchsten Ertrag bringen, wenn man sie an Rankgittern oder anderen einfachen Stützen zieht, muss man wissen, welche Vorteile jede Ausrichtung hat. Als Entscheidungshilfe nutze ich die folgende Tabelle.

Ausrichtung	Licht und Wärme	Geeignet für
Süden	Volle Sonne, warm	Kürbisse, Tomaten, Obstbäume, hängende Beerenpflanzen, mehrjährige Mittelmeerkräuter, Bohnen, Erbsen
Osten	Morgensonne, Nachmittags kühler	Beeren, Salate, einjährige Kräuter
Westen	Nachmittagssonne, warme Abende	Beeren, mehrjähriges Gemüse, Blüten
Norden	Schattig und kühl	Blatt- und Grüngemüse (sofern die Beete nicht von Bäumen beschattet werden)

Ausrichtung
Viele Begrenzungen sind nicht exakt nach Nord, Süd, Ost oder West ausgerichtet. Hat ein Garten zum Beispiel eine südwestliche oder südöstliche Ausrichtung, behandle ich das wie eine Südausrichtung, denn beide liegen einen Großteil des Tages in der Sonne.

Tiersichere Barrieren
Es gibt spezielle Kaninchendrähte, die an Grundstücksgrenzen 30 cm tief im Boden versenkt werden, damit sich keine Kaninchen darunter hindurchgraben. Man kann auch das untere Ende von Zäunen 30 cm nach außen biegen und leicht mit Erde abdecken. Kaninchen beginnen immer unmittel-

bar vor dem Hindernis zu graben, stoßen also bei dieser Variante sofort auf die unterirdische Sperre.

RANKGITTER UND EINFACHE STÜTZEN

Selbst wenn Ihr Garten lediglich mit Maschendraht eingezäunt ist, können Sie an der Südseite einer solchen Begrenzung Stützen errichten, um ein warmes, geschütztes Mikroklima zu schaffen. Am preiswertesten sind vermutlich ein paar Rankgitterpaneele, die fest am Zaun montiert werden. An der so gewonnenen zusätzlichen Fläche kann man größere Pflanzen wie Brombeeren oder kleine Apfelbäume erziehen.

Vertikale Gärtenflächen
Vertikale Flächen sind nach Beeten unter Glas die wertvollsten Anbauflächen, denn sie ergänzen die normalen Gartenbeete. Man kann beispielsweise hinter Rabatten Regenrinnen an Zäunen befestigen und Salat dort kultivieren. Dadurch wird in den Beeten Platz für Gemüse frei, das mehr Wurzelraum braucht. Aufstellen kann man außerdem einfache Stützen, etwa Gerüste aus gekreuzten Bohnenstangen in Steildachform (siehe unten), Stangenzelte und Minizäune für Erbsen und Bohnen. Kürbisse nehmen schnell viel Bodenraum in Anspruch, doch kann man sie auch vertikal ziehen. Im Folientunnel lassen sich Blumenampeln aufhängen, in die man Buschtomaten oder Erdbeeren pflanzt.

Frühbeet
Ein Frühbeet ist ein guter Platz, um Samen in Topfplatten vorzutreiben und Setzlinge zwischenzulagern, bis sie ins Freiland kommen.

Kompost selbst ansetzen

Durch Kompostieren wird aus Abfällen ein schönes, nährstoffreiches Wuchsmedium, das Nutzpflanzen im Garten brauchen, um zu gedeihen. Für einen gesunden, resilienten Garten gibt es wenig Besseres als selbst angesetzten Kompost statt gekauftem.

JÄHRLICHER KOMPOSTBEDARF

Ohne Pflanzgefäße und Mistbeete hat unser Selbstversorgungsgarten knapp 70 m² Beetfläche. Sie benötigen eine etwa 3 cm dicke Schicht Kompost pro Jahr, aufgetragen am Ende der Anbausaison. Das versorgt den Boden mit ausreichend organischer Substanz und Nährstoffen für die hohen Erträge, die wir zu ernten hoffen, und entspricht ungefähr 2100 l Kompost. Das meiste davon stammt aus den beiden Mistbeeten (siehe linkes Bild). Was Sie sonst noch benötigen, können Sie mit drei Kompostern erzeugen, die ich zusätzlich anzulegen empfehle. Sie

liefern auch noch genug Material für selbst zusammengemischte Saat- und Topferden. Es sollte sogar ein kleiner Überschuss als Notreserve übrig bleiben.

Kompostmenge
Als Füllung für ein Mistbeet benötigen Sie 2000 l organische Substanz. Wenn davon die Hälfte durch den Zersetzungsprozess verloren geht, bleiben Ihnen noch 1000 l.

Um einen Quadratmeter Anbaufläche mit einer 3 cm dicken Schicht Kompost zu mulchen, braucht man 30 l.

Kompostergröße
Ein Komposter sollte mindestens einen Kubikmeter Fassungsvermögen haben, damit sich im Inneren Wärme entwickeln und ein guter Zersetzungsprozess ablaufen kann. Er liefert in etwa 6–9 Monaten eine Menge, die zum Mulchen von jährlich fünf bis sechs 1 x 3 m großen Hochbeeten reicht. Ist der Behälter kleiner, müssen Sie länger warten, bis der Kompost fertig ist, aber durch regelmäßiges Wenden kann man die Verrottung beschleunigen. Mit einer guten Durchlüftung lassen sich üble Gerüche vermeiden. Deshalb ist ein Komposter aus Holzlatten, Paletten oder Maschendraht an Pfosten eine gute Wahl.

KOMPOSTERTYPEN

Palettenkomposter
Schrauben Sie vier Paletten hochkant zu einem Würfel zusammen und beginnen Sie, pflanzliches Material hineinzuwerfen. Wenn alles verrottet ist, entfernen Sie eine Palette, um an den Inhalt zu gelangen.

Stecksystemkomposter
Er kann als Baukasten gekauft werden, sieht gut aus und lässt sich einfach zusammenfügen (siehe S. 37). Um ihn zu leeren, entfernen Sie die Bretter.

Maschendrahtkomposter
Extrem kostengünstig ist ein Komposter, der aus einem um vier Pfosten gewickelten Maschendraht besteht. Ein Ende lässt man offen, um ihn besser zu befüllen und leeren zu können.

Flechtkomposter
Wer an ausreichend Weiden- und Haselnussruten kommt, kann diesen Komposter aus acht bis neun dicken Pfosten mit Flechtwänden außen herum bauen. Die Wände lassen sich jedoch nicht entfernen.

Wegkomposter
Legen Sie den Weg zwischen zwei Beeten mit Karton aus, geben Sie eine Schicht Hackschnitzel darauf und obenauf eine Schicht pflanzlicher Abfälle. Wenden Sie das Material regelmäßig mit einer Grabegabel und gehen Sie viel darüber, um die Zersetzung zu beschleunigen.

Haufenkomposter
Man kann auch einen Komposter ohne Behältnis anlegen, indem man Material einfach auf einen Haufen wirft und gelegentlich wendet.

FÜLLEN: GRÜN UND BRAUN IM WECHSEL

Für Kompost braucht man zwei Arten von Zutaten: grünes, also stickstoffreiches, und braunes, d. h. kohlenstoffreiches Material. Für jeden Eimer grünes Material gibt man einen Eimer braunes dazu. Zu viel grünes Material führt zu einer anaeroben Zersetzung, was den Inhalt schleimig werden lässt. Zu viel braunes Material verlangsamt den Zersetzungsprozess stark. Ideal ist ein Verhältnis von 1:1.

Tipp

Geben Sie in Ihren Komposter eine 5–7 cm hohe Bodenschicht aus Zweigen. Sie verbessert die Durchlüftung und beschleunigt dadurch die Zersetzung.

Grünes Material

- Kaffeesatz und Teebeutel ohne Plastikteile
- Unkraut (ohne Samen)
- Grasschnitt (ungespritzt)
- Obst- und Gemüsereste
- Pferde-, Kuh-, Kaninchen- und Hühnermist
- Frischen Schnittabfall
- Seetang (vorher evtl. das Salz herauswaschen)
- Biertreber (von einer Brauerei)
- Haarreste (aus einem Friseursalon)
- Wolle (aus Verpackungsmaterial)

Braunes Material

- Karton und Zeitungspapier
- Inhalt von Staubsaugerbeuteln (nur ohne Metall- und Plastikteile!)
- Hackschnitzel und Sägemehl (von unbehandeltem Holz)
- Herbstlaub (idealerweise mit dem Rasenmäher geschreddert)
- Heu und Stroh
- Schnittabfälle vom Gehölzschnitt im Herbst und Winter
- Abgefallene Kiefernnadeln
- Küchenpapier und Taschentücher
- Alte Topferde

Wenn der Komposter voll ist

Passt nichts mehr hinein, wässern Sie den Komposter mit 4–5 Gießkannen und decken ihn mit einer Lage Karton ab, die Sie mit Steinen oder Ziegeln beschweren. Zu viel Wasser kann den Zersetzungsprozess verlangsamen. Beschleunigen lässt sich die Zersetzung, indem man den Haufen alle 6–8 Wochen wendet, um ihn zu durchlüften und noch nicht so stark zersetztes Material von außen nach innen zu befördern. Komposter sacken beim Zersetzungsprozess zusammen, wundern Sie sich also nicht, wenn er zum Schluss nur noch halb gefüllt ist.

Fertiger Kompost

Kompost ist »reif«, also fertig, wenn das Material größtenteils dunkel und fast nicht mehr zu erkennen ist. Er enthält oft viele Kompostwürmer (Bild rechts unten) und andere Nützlinge, sollte feinkrümelig sein und angenehm erdig riechen. Größere, nicht ganz zersetzte Brocken holt man heraus und wirft sie noch einmal in den Komposter.

Die drei goldenen Regeln für guten Kompost

- Je größer die Bandbreite der Materialien, die kompostiert wurden, desto größer auch die Bandbreite an Nährstoffen im Kompost.
- Je kleiner man das grüne und braune Material schreddert, desto schneller zersetzt es sich.
- Halten Sie sich ran. Man kann gar nicht zu viel Kompost haben.

Material für den Komposter

Ingredienzen für den Komposthaufen aufzutreiben ist ein Kinderspiel. Stallmist bekommt man auf dem Land natürlich einfacher, doch in Städten fällt dafür jede Menge Kartonpapier und Kaffeesatz ab – und sogar Paletten als Baumaterial für den Komposter selbst.

Gemüsereste
Rohe Gemüsereste (rechts) gehören zu den wertvollsten Kompostzutaten. Leider werden sie viel zu oft in den Müll geworfen. Fragen Sie Freunde, Nachbarn und Besitzer örtlicher Restaurants, ob sie regelmäßig nährstoffreiches Material für Sie haben.

Kaffeesatz
Dieses unterschätzte Kompostiermaterial können Sie sich von Cafés in Ihrer Nähe holen. Es ist nicht nur reich an Stickstoff, sondern enthält auch jede Menge Nährstoffe wie Kalium, das den Ertrag steigert. Reifes Gemüse wie Kohlgewächse mit Strunk oder Stiel kann man direkt mit einer 2–3 cm dicken Schicht düngen. Auch Beeren und Topinambur profitieren davon.

Karton
Karton gehört als braune Kompostzutat zu den besten Kohlenstoffquellen, sofern er nicht glänzt oder mit Klebeband versehen ist. Er dient als Gegengewicht zu stickstoffreichem grünem Material (siehe S. 36). Außerdem eignet er sich hervorragend als Unkrautmulch, wenn man nackte Erde im Winter damit abdeckt. Eine dicke Kartonschicht auf Kompostern verhindert, dass der Kompost zu nass wird – Nässe verlangsamt den Zersetzungsprozess. Man bekommt Karton bei Geschäften und Unternehmen vor Ort.

Grasschnitt
Grasschnitt enthält viel Stickstoff. Er fällt in Siedlungen in Massen an. Fragen Sie Nachbarn, die ihren Rasen weder düngen noch mit Herbiziden traktieren, ob sie Ihnen etwas abgeben. In den Komposter sollte Grasschnitt in 3 cm dicken Schichten kommen. Man kann ihn auch direkt um Tomaten verteilen, denn er senkt die Verdunstung von Bodenfeuchtigkeit und düngt den Boden, während er sich zersetzt.

Hackschnitzel
Hackschnitzel eignen sich hervorragend als Wegbelag. Sie sind weich, saugen Regen auf und verhindern, dass die Wege verschlammen. Wenn sie nach etwa

zwei Jahren teilweise verrottet sind, wirft man sie auf den Kompost. Ich hole mir meinen Nachschub kostenlos bei Baumpflegern in meiner Nähe.

Seetang
In Küstengegenden kann man ihn nach Stürmen vom Strand auflesen und auf den Komposter werfen (erkundigen Sie sich aber vorher, ob es erlaubt ist). Im Winter lässt er sich auch direkt als Mulch auf Hochbeete streuen. Außerdem kann man einen Pflanzendünger daraus ansetzen.

Wolle
Auch dieses Material darf auf den Kompost. Es setzt seine Stickstofffracht ganz langsam frei. Verteilt man Wolle um Setzlinge, hält sie Schnecken fern, unterdrückt Unkraut und verringert die Verdunstung von Bodenfeuchtigkeit. Man bekommt sie gegen wenig Geld bei Schafzüchtern und anderen landwirtschaftlichen Betrieben oder tauscht sie ein.

Stallmist
Wenn Sie irgendwo mit Stroh durchsetzten Pferdemist aus Ställen auftreiben, haben Sie schon alles, was Sie zum Befüllen eines Mistbeets brauchen. Pferde-, Rinder- und Hühnermist sind ein ausgezeichnetes grünes Material für den Komposter.

Paletten
Sie werden oft auf Wertstoffhöfen entsorgt, lassen sich aber auch gut als Baumaterial im Garten einsetzen. Mit wenig Werkzeug kann man daraus Komposter, Pflanzgefäße und Mistbeetrahmen zimmern. Die Bretter sind ein guter Schutz für Aussaaten (siehe S. 31).

Die Anbausaison

02

Monatlicher Aussaat- und Pflanzplan

Wir starten im März. Ich habe die Saison in Monate von März bis Oktober unterteilt. Den November und die Wintermonate fasse ich zu einem einzigen Kapitel zusammen. Das zweite Jahr beginnt im Frühjahr. Jeden Monat schlage ich einen Plan für den gesamten Garten vor und liste auf, was bereits wächst oder was in den einzelnen Abschnitten neu gepflanzt werden muss. Dann gehe ich auf jeden Abschnitt einzeln ein, angefangen beim Folientunnel, in dem ausgesät wird.

GARTENLAYOUT

Rechts ist der Grundriss meines Selbstversorgungsgartens zu sehen. Er ist etwa 125 m2 groß, was etwa einem Drittel der durchschnittlichen Schrebergartengröße entspricht. Eingezeichnet sind die einzelnen Elemente einschließlich des Folientunnels mit Beeten, Stellagen, Vermehrungsbank und Werkzeuglager. Der Freilandbereich besteht aus zwei Mistbeeten, drei Folienbeeten, sechs Rahmenbeeten, einem Schlüssellochbeet für Salate und einem Beet für Kräuter und essbare Blüten. In den Rabatten am Rand ziehe ich Beeren und Gemüse. Außerdem habe ich ein »Reservebeet« für übrig gebliebene Setzlinge. Die Kartoffeln wachsen in Töpfen. Ich habe sogar ein, zwei Kürbispflanzen untergebracht – auf dem Komposter!

Jeden Monat verwende ich den gleichen Plan. Die einzelnen Anbaubereiche sind mit schwarzen Kreisen und Nummern versehen. Sie stehen für das, was gerade angebaut wird. Manche Pflanzen bleiben vier Monate oder länger im Beet, andere sind schneller reif. Wenn etwas nach dem Ernten durch etwas anderes ersetzt wird, erscheint die neue Pflanze als graue Nummer.

Neben dem Plan steht eine Liste, in der die Nummern einer Pflanze zugeordnet sind.

Nach dem Plan und der Liste gehe ich im Detail darauf ein, was in jedem Bereich zu tun ist. Die Reihenfolge bleibt in jedem Monat gleich, sodass man leichter den Überblick darüber behält, was im Garten gesät, gepflanzt und geerntet wird.

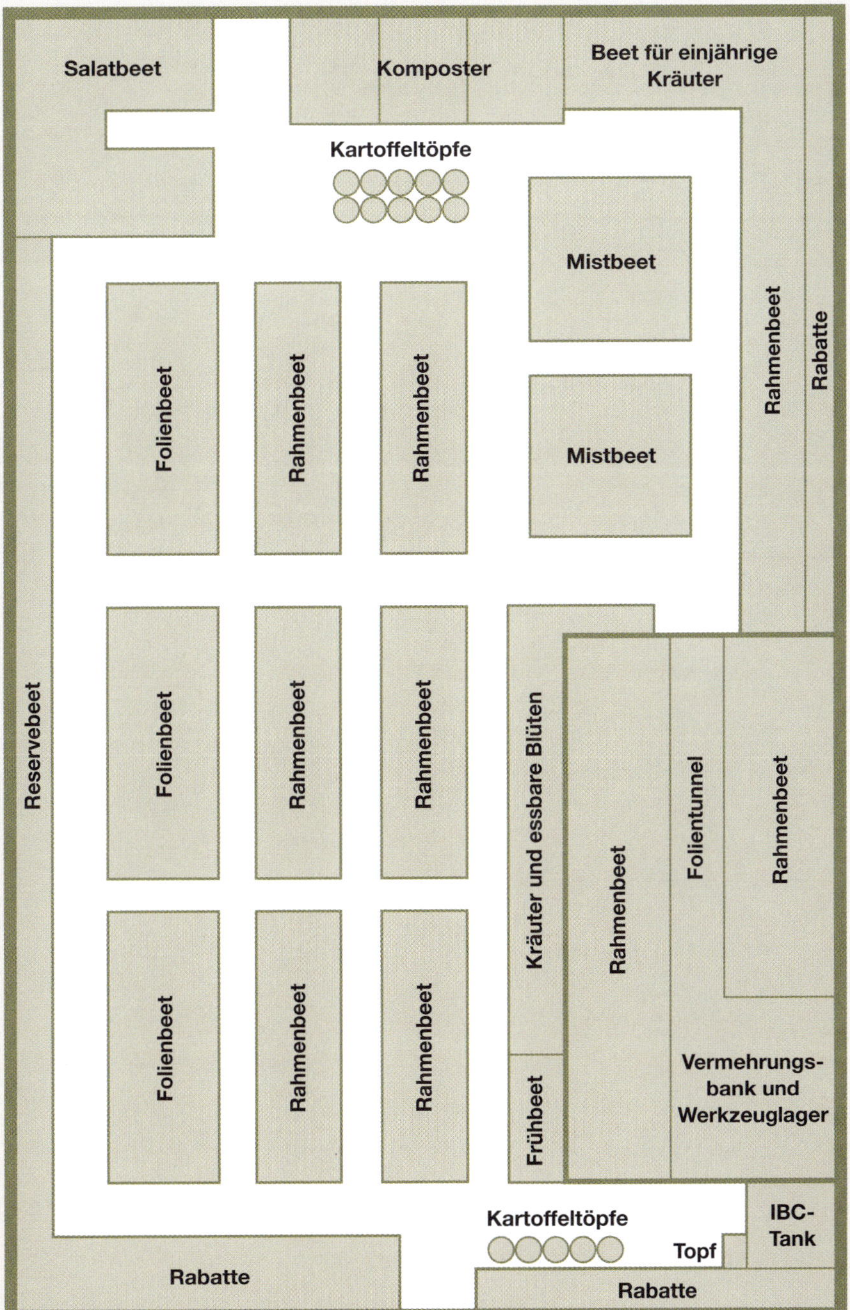
Salatbeet
Komposter
Beet für einjährige Kräuter
Kartoffeltöpfe
Mistbeet
Mistbeet
Rahmenbeet
Rabatte
Folienbeet
Rahmenbeet
Rahmenbeet
Reservebeet
Folienbeet
Rahmenbeet
Rahmenbeet
Kräuter und essbare Blüten
Rahmenbeet
Folientunnel
Rahmenbeet
Folienbeet
Rahmenbeet
Rahmenbeet
Frühbeet
Vermehrungs-bank und Werkzeuglager
Kartoffeltöpfe
Topf
IBC-Tank
Rabatte
Rabatte

AUSSAAT

Während der Anbausaison säe ich fast jeden Monat etwas in Topf- bzw. Anzuchtplatten. Die Infos dazu finden Sie unter der Überschrift »Im Folientunnel« in tabellarischer Form. Für jede Nutzpflanze nenne ich die Aussaatzeit, die Modulgröße, die Anzahl der Samen pro Modul, die Aussaattiefe, die Zahl der Module insgesamt und schließlich die Zahl der Sämlinge, auf die ausgedünnt werden muss.

Modulgröße

Ich verwende meistens Topfplatten mit einer Modulgröße von 4 cm, doch gibt es sie in weiteren Größen, die für manche Gemüse- und Obstarten besser sind.

Höhe: Topfplatten mit einer Höhe von 10–12 cm sind ideal für die Aussaat von Fava- und Feuerbohnen, die einen tiefen Wurzelraum brauchen.

Standard: 4 cm Durchmesser besitzen die üblichen Module. Sie eignen sich für die meisten Nutzpflanzen und bieten Sämlingen genug Platz zum Wachsen, ohne sie zu stressen.

Groß: 7 cm Durchmesser sind ideal für Tomaten und Kürbissämlinge. Sie können darin ein paar echte Blätter und ein kräftiges Wurzelsystem bilden, bevor es Zeit wird, sie umzupflanzen.

Mengen

In jeder Tabelle gebe ich an, wie viele Module empfehlenswert sind und wie viele Samen in jede Zelle kommen sollen. Die Mengen sind eher großzügig kalkuliert, sodass auch einige Ausfälle vorkommen können, entweder weil manche Samen nicht aufgehen oder Schnecken nach dem Umpflanzen Schäden anrichten. Behalten Sie Ersatzsetzlinge mindestens zwei Wochen lang in petto, damit Sie mit ihnen eventuelle Lücken füllen können, bis Sie schließlich ein neues Zuhause für sie finden.

Timing

Jede Anbausaison ist anders. Wichtig ist zu verstehen, dass wir als Gartenbesitzer ganz und gar von Mutter Natur abhängen. Ein unerwarteter Spätfrost ist ebenso möglich wie ein wesentlich trockenerer oder nasserer Monat, als zu erwarten wäre. Meine Aussaat- und Ernteempfehlungen für den jeweiligen Monat können daher nur annähernd akkurat sein. Sie basieren auf meiner Erfahrung und darauf, wie ich die Anbausaison in meinem Selbstversorgungsgarten erlebt habe. Die Bedingungen können je nach Region variieren. Aber selbst wenn manche Pflanzen etwas länger brauchen, können Sie trotzdem noch eine zufriedenstellende Ernte bekommen. Genauso gut ist es allerdings auch möglich, in Rekordzeit zu ernten.

QUADRATMETER-GÄRTNERN

Während der gesamten Saison habe ich jeden Ertrag in meinem Selbstversorgungsgarten gewogen und festgehalten. Das Ergebnis hat nicht nur meine anfänglichen Erwartungen bei Weitem übertroffen, sondern mir auch jede Menge wertvoller Daten geliefert. Infolgedessen konnte ich einen Guide (siehe S. 142–145) mit voraussichtlich erwartbaren Ertragszahlen pro Quadratmeter für alle Hauptsorten und einem Durchschnittsertrag pro Pflanze anlegen. Ich hoffe, Ihnen damit etwas an die Hand zu geben, mit dem auch Sie optimale Erträge aus Ihrem Garten herausholen.

Auf den folgenden Seiten finden Sie die Gesamterträge des ersten Jahres in meinem Selbstversorgergarten. Die neue Anbausaison beginnt im März.

Ernte der ersten Saison

Im ersten Jahr lässt sich mitunter schwierig einschätzen, wie viel Ertrag der Garten abwirft. Erntet man kontinuierlich, kommt einiges zusammen. Mir fiel die Kinnlade herunter, als ich gesehen habe, wie viel ein Garten in einer einzigen Saison liefern kann. In dieser Tabelle habe ich festgehalten, was ich im ersten Jahr erzeugt habe. Es sind fast 600 kg geworden, was unsere Erwartungen bei Weitem übertroffen hat! Ich empfehle, grob festzuhalten, wie viel Sie ernten: Dazu brauchen Sie lediglich eine einfache Waage neben der Gartentür und einen Notizblock. Sie werden erstaunt sein, wie viel Sie produzieren können.

ÜBERSCHÜSSE

Wenn Ihr Garten mehr liefert, als die Familie verputzen kann, ist das die Gelegenheit, Überschüsse zu verscherbeln. Aber bevor Sie die Werbetrommel rühren, sollten Sie sich erkundigen, welche gesetzlichen Bestimmungen es für den Verkauf privater Erzeugnisse gibt. Ich empfehle, Interessenten eine freiwillige »Spende« anzubieten. Meine Einnahmen im ersten Jahr haben die Kosten für die Samenbestellungen abgedeckt, was ein zusätzlicher Schritt in Richtung Autarkie ist. Je mehr Überschüsse Sie ernten, desto mehr können Sie in Ihren Garten investieren.

BONUS

Viele rechts aufgelistete Nutzpflanzen haben »Boni« abgeworfen. Dazu zähle ich etwa Koriandersamen, Schnittlauchblüten und getrocknete Samen von Kletterbohnen. Sie allein beliefen sich schon auf fast 15 kg.

Gemüse	Kilogramm (auf 100 g ab- oder aufgerundet)
Auberginen	**4,3**
Blattmangold	**2,8**
Blumenkohl	**7,3**
Buschbohnen	**2,4**
Chilis	**0,3**
Chinakohl	**10,9**
Daikon-Rettiche	**15,3**
Dicke Bohnen	**4,2**
Erbsen	**9**
Fenchel	**8,6**
Frühkartoffeln	**16,2**
Frühlingszwiebeln	**1,9**
Grünkohl	**2,8**
Gurken (Freiland-)	**17,1**
Gurken (Gewächshaus-)	**28,7**
Kartoffeln	**21,3**
Kartoffeln im Topf	**19,3**
Kletterbohnen	**19,3**
Knoblauch	**3,3**
Kohlrabi	**5,9**
Möhren	**22,3**
Pak Choi	**9**
Pastinaken	**10,9**
Porree	**16,6**

Gemüse	Kilogramm (auf 100 g ab- oder aufgerundet)
Radieschen	**4,3**
Rhabarber	**7,9**
Rote Beten	**30,2**
Salate (Freiland- und Mistbeet)	**12,9**
Schalotten	**2,4**
Sellerie (war eine Missernte)	**0,8**
Spazierstock-Kohl (Langkohl)	**6,7**
Speiserüben	**3,8**
Sprossenbrokkoli	**3,4**
Steckrüben	**12,8**
Stielmangold	**6,6**
Tomaten	**74,1**
Topinambur	**29,5**
Winterkohl	**14,4**
Winterkürbisse	**32,3**
Winterrettiche	**4,1**
Zucchini	**32,4**
Zwiebeln	**28,4**
Extras	**15**
Beeren	**1,9**
Kräuter, einjährig	**1,7**
Kräuter, mehrjährig	**0,7**
Gesamt	**586**

Selbst-versorgung aus dem Garten

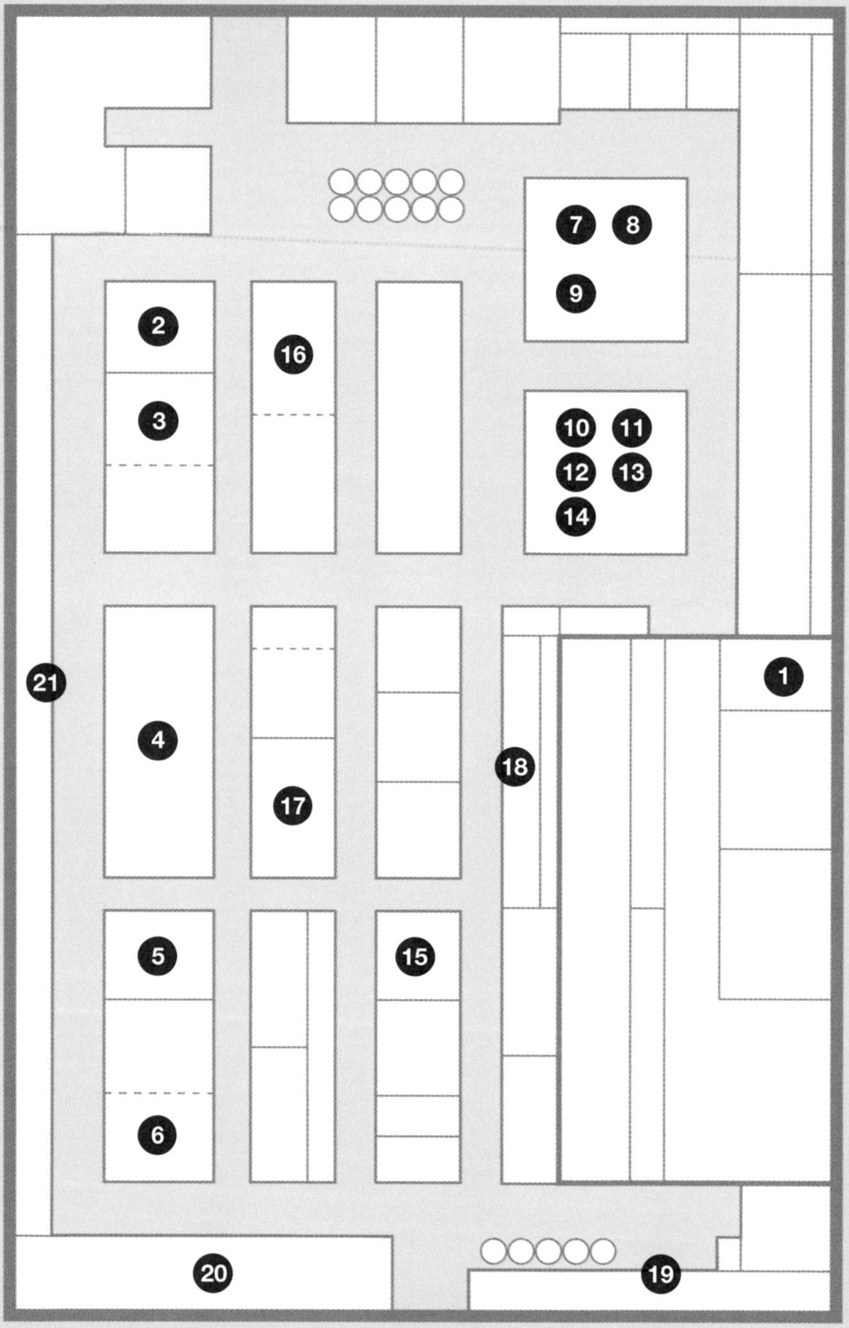

März

Der März mag sich wie der Start in die Saison anfühlen, aber meistens muss noch mit etlichen Frösten gerechnet werden. Haben Sie also Geduld. Priorität hat zunächst das Einrichten der Mistbeete. Sie sollten schon in vier Wochen erste Erträge liefern und noch weit über den Juni hinaus Unmengen von Gemüse beisteuern. Im Folientunnel kann man bereits im März ernsthaft mit der Aussaat in Topfplatten beginnen. In der ersten Monatshälfte ist auch die letzte Gelegenheit, neue Mehrjährige auszupflanzen, damit sie rechtzeitig einwachsen. Wer seinen Garten neu anlegt, sollte damit jetzt fertig werden, denn im April geht es richtig zur Sache.

Zuordnung:

Folientunnel

1. Koriander

Folienbeete

2. Frühkartoffeln
3. Pak Choi
4. Kartoffeln
5. Rote Beten
6. Blumenkohl

Mistbeet 1

7. Möhren
8. Frühlingszwiebeln
9. Speiserüben

Mistbeet 2

10. Erbsen (für Sprossen)
11. Gartensalate
12. Spinat
13. Radieschen
14. Pak Choi

Rahmenbeete

15. Knoblauch
16. Dicke Bohnen
17. Frühkartoffeln

Kräuter und essbare Blüten

18. Mehrjährige Kräuter

Rabatten

19. Topinambur
20. Beeren
21. Reservebeet

IM FOLIENTUNNEL

Beete

Sie werden erst im Mai bepflanzt, wenn es warm genug für Sommergemüse wie Tomaten und Gurken ist. Man kann sie aber jetzt schon nutzen, um Koriander direkt **auszusäen**. So liefert er bereits im Mai und Juni erste Blätter.

Auf den Samenregalen

Bringen Sie mehrere Gemüsearten auf den Weg, damit sie den Garten so schnell wie möglich füllen und er so lang wie möglich Erträge liefert. Zusätzlichen Regalplatz schaffen Sie, indem Sie in eines der Beete im Folientunnel vier Pfosten schlagen und eine Palette oder ein Brett darauflegen.

Zucchini

Wer früh ernten will, **sät** je einen Zucchini-Samen 5 mm tief in drei 7-cm-Töpfe und versenkt sie in einem der Beete zur Hälfte im Substrat zwischen zwei Gemüsereihen. Die Wärme von unten bringt sie rasch zum Keimen, sodass Sie bald Setzlinge bekommen.

Tomaten

Sie gehören zu den wichtigsten Gemüselieferanten. **Vorgetrieben** werden sie im März unter Ausnutzung der Wärme im Mistbeet. Ich empfehle, die Samen einschließlich der von Hängesorten, in schmalen Saatschalen mit 5 cm Erde als Basisschicht auszusäen. Die Samen werden mit 1 cm Erde **abgedeckt**, leicht gewässert und mit Etiketten beschriftet (ich verwende in Streifen geschnittene Joghurtbecher), um die Sorten unterscheiden zu können. Dann **stellt** man sie in eines der Mistbeete zwischen bereits ausgebrachte Saatreihen. Da die Schalen schmal sind, nehmen sie den Sämlingen in den Reihen kein Licht weg.

Sobald sich die ersten echten Blätter gebildet haben, **pikieren** Sie die Sämlinge behutsam und pflanzen Sie so in 7-cm-Einzeltöpfe, dass

Gemüse	Aussaat-woche	Modul-größe	Samen/ Modul	Aussaat-tiefe	Zahl der Module	Ausdünnen auf
Rote Beten	1	4 cm	4–5	2 cm	20	3–4
Blumenkohl	1	7 cm	2	2 cm	6	1
Dicke Bohnen	1	Tief	1	5 cm	40	–
Pak Choi	1	4 cm	2	1 cm	20	1
Zwiebeln (Steck-)	2	4 cm	1	2/3 der Zwiebel	120	1
Chinakohl	2	4 cm	2	1 cm	12	1
Blattmangold	2	4 cm	2	2 cm	8	1
Buschbohnen	3	7 cm	1	3–4 cm	10	–
Radieschen	3	4 cm	3–4	2 cm	8	–
Erbsen	4	4 cm	3	2–3 cm	30	–

die ersten Blätter knapp über dem Substrat sitzen. Beschriften Sie jeden Topf und versenken Sie ihn zur Hälfte in einem Mistbeet. In sehr kalten Nächten muss das Beet mit einem alten Teppich oder einer dicken Decke abgedeckt werden.

Auberginen und Chilis
Wer sie aus Samen ziehen will, muss im Februar damit anfangen. Nehmen Sie es sich für das nächste Jahr vor. Die Methode ist dieselbe wie bei Tomaten. Nutzen Sie wieder die Wärme in Mistbeeten (siehe links). Wer noch dieses Jahr Auberginen und Chilis ernten will, geht zum Mai-Kapitel (siehe S. 67). Ich empfehle, Setzlinge aus dem Fachhandel zu kaufen.

FOLIENBEETE

Wässern Sie bei warmem Wetter, denn Beete unter Abdeckungen trocknen rasch aus. Tagsüber kann man die Abdeckung abnehmen, um Luft hineinzulassen.

Kartoffeln
In der dritten Märzwoche kommen die Kartoffeln in die Erde. **Stecken** Sie 12 Saatkartoffeln 20 cm tief als 4-x-3-Gittermuster in die Erde, sodass sie ein Drittel eines der Folienbeete einnehmen. Ende März können Sie das gesamte mittlere Folienbeet mit Ihrer Lieblingssorte **bepflanzen** – ich mag 'Charlotte', weil sie hervorragend schmeckt und zuverlässig Erträge liefert.

Vorgekeimte Kartoffeln kommen 20 cm tief mit 35–40 cm Abstand in die Erde. Legen Sie diagonale Reihen mit 30 cm Abstand an.

Ende des Monats können auch die Sämlinge von Pak Choi, Roter Bete und Blumenkohl (siehe Bild oben rechts) in Folienbeete **umziehen**. Abgehärtet zu werden brauchen sie nicht, da sie unter der Folie geschützt sind. **Setzen** Sie Pak Choi mit 15 cm Abstand in diagonale Reihen mit 10 cm Reihenabstand. Die gleichen Abstände brauchen die Roten Beten. Blumenkohl wird sehr groß, sodass man vier mit 50 cm Abstand in ein Quadrat **setzt** und einen fünften in die Mitte.

MISTBEETE

Im März ist der Winter in den meisten Gegenden Mitteleuropas noch recht präsent. Deshalb sollte man die Mistbeete in dieser Zeit überwiegend abgedeckt halten, falls es nicht gerade außergewöhnlich mild ist. Solange die Außentemperaturen über dem Gefrierpunkt liegen, kann man sie morgens für 10 bis 15 Minuten **aufklappen**. So gelangt Luft ins Innere, was empfindlichen Setzlingen wie Tomaten guttut, die in den Beeten vorgetrieben werden.

Beet 1
Füllen Sie das Beet (siehe S. 20) in der ersten Märzwoche zu etwa 70 cm, damit es bis mindestens Ende April Hitze entwickelt. Zwei Tage später kann man schon Möhren in die Reihen 1, 3, 5 und 7 **säen**. In Reihe 2 und 6 kommen Zwiebeln und in Reihe 5 Speiserüben. Alles wird 2 cm tief gesät.

Beet 2
Füllen Sie dieses Beet in der dritten Märzwoche zu etwa 60 cm, damit die Wärmeentwicklung bis mindestens Mitte Mai anhält. Anschließend **wartet** man zwei Tage, bis sich alles gesetzt hat. Dann werden in Reihe 1 und 7 Gartensalate, in Reihe 2 und 6 Radieschen, in Reihe 3 Spinat und in Reihe 4 Erbsen **gesät**. Mit Ausnahme von Erbsen, die 2 cm tief in die Erde kommen, sät man alles 1 cm tief. Die Samen keimen in der Wärme rasch.

RAHMENBEETE

Für das meiste Gemüse ist es im März noch zu früh, aber Frühkartoffeln, Knoblauch und Dicke Bohnen können Sie schon setzen.

Pflanzen Sie Frühkartoffeln Ende März in einer Beethälfte in einem 5-x-3-Gittermuster (also mit 5 Saatkartoffeln pro Längsreihe). Pflanztiefe: 20 cm.

Dicke-Bohnen-Setzlinge werden auch in der letzten Märzwoche nach draußen geschickt. Man härtet sie 2–3 Tage lang im Frühbeet ab, bevor man sie in 20 cm Abstand in Reihen pflanzt, die zueinander ebenso viel Abstand haben. Insgesamt brauchen Sie Platz für rund

30 Exemplare bzw. 4 lange Reihen à 7–8 Setzlinge.

Obwohl Knoblauch am besten im Herbst gesteckt wird, kann man auch im Frühjahr pflanzen. Ein Quadratmeter Beet reicht für etwa 100 Zehen. **Stecken** Sie jede Zehe etwa 5 cm tief ins Erdreich. Zwischen den einzelnen Zehen bleiben 10 cm Abstand. Der Reihenabstand beträgt ebenfalls 10 cm.

SALATBEET

Der Platz **bleibt** vorerst noch leer, doch sollte man ihn unkrautfrei halten.

KRÄUTER

Einjährige Kräuter
Im März ist nichts zu tun.

Mehrjährige Kräuter
Pflanzen Sie bis zum Monatsende alle mehrjährigen Kräuter an ihren endgültigen Standort. Eine eigene Kräutersammlung stellt man sich kostengünstig zusammen, indem man sich Stecklinge von Verwandten und Bekannten beschafft (siehe oben), etwa Rosmarin und Thymian. Außerdem lassen sich ältere Kräuter wie Minze und Schnittlauch gut teilen. Im Gegensatz zu einjährigem Gemüse brauchen Sie auch keine Handvoll Kompost in ihr Pflanzloch werfen. **Wässern** Sie jede neue Pflanze, ob Steckling oder geteilt, nach dem Umpflanzen gut. Viele seltene bzw. ungewöhnliche Kräuter bekommt man auch im Online-Fachhandel.

ESSBARE BLÜTEN

Wer Veilchen ziehen möchte, **legt** die Samen Anfang März in den Kühlschrank. Diese Kältebehandlung beschleunigt die Keimung, wenn man sie nächsten Monat aussät.

RABATTEN

Die meisten Mehrjährigen in den Rabatten sind als Ergänzung der Hauptpflanzen gedacht. Hier können Sie frei wählen, worauf Sie am meisten Lust haben. Ich mag Rosen, denn sie sind schön anzusehen, duften einnehmend und liefern essbare Blüten sowie Hagebutten. Anstelle von Rosen kann man auch eine Magnolie, einen Zwergapfel oder Artischocken pflanzen.

Topinambur

Die Knollen (siehe Bild rechts) müssen Mitte März ausgepflanzt werden. **Graben** Sie dazu ein rund 20 cm tiefes Loch und geben Sie eine großzügige Handvoll Kompost oder Gemüsereste hinein. Als Nächstes **legen** Sie eine Knolle seitlich ins Loch und füllen es mit Erde. Das wiederholen Sie alle 30 cm, bis Sie eine Reihe aus 12–14 Knollen haben. Dann legen Sie in 25 cm Abstand versetzt eine zweite Reihe an. Im Winter dürfen Sie mit 15–30 kg köstlichster Knollen rechnen.

Beeren und Co.

Wir haben uns Johannisbeeren und andere Beeren sowie Rhabarber als Ergänzung der Haupternte und Dessertzutaten herangezogen. Pflanzen Sie die Johannisbeersträucher und Wurzelstöcke von Rhabarber (siehe oben) noch diesen Monat. Vorgezogene (Frigo-) Erdbeerpflanzen aus dem Fachhandel können Sie jetzt in die Rabatten setzen.

Reservebeet

Ich halte ein Rahmenbeet in Reserve, in das ich alle überschüssigen Setzlinge verfrachte, die im laufenden Jahr anfallen. Diese Allzweckfläche bewährt sich immer dann, wenn ich vergesse, ein bestimmtes Gemüse anzusäen, oder wenn ich etwas sehe, das ich nur zu gern ausprobieren würde, aber nicht mehr in den regulären Beeten unterbringe.

KOMPOST

Gewöhnen Sie sich an, ein Gefäß in der Küche stehen zu haben, in das Sie Gemüsereste und andere Grünabfälle **werfen** (siehe S. 38). Damit können Sie Ihren Komposter füllen. Die Zeit, in der die Anbausaison gerade erst in die Gänge kommt, ist auch ein guter Monat, um zusätzliche Grünabfallquellen in der Umgebung zu **erschließen**. Ich etwa sammle wöchentlich den Kaffeesatz von drei, vier Cafés in meiner Nähe ein.

Selbst-
versorgung
aus dem
Garten

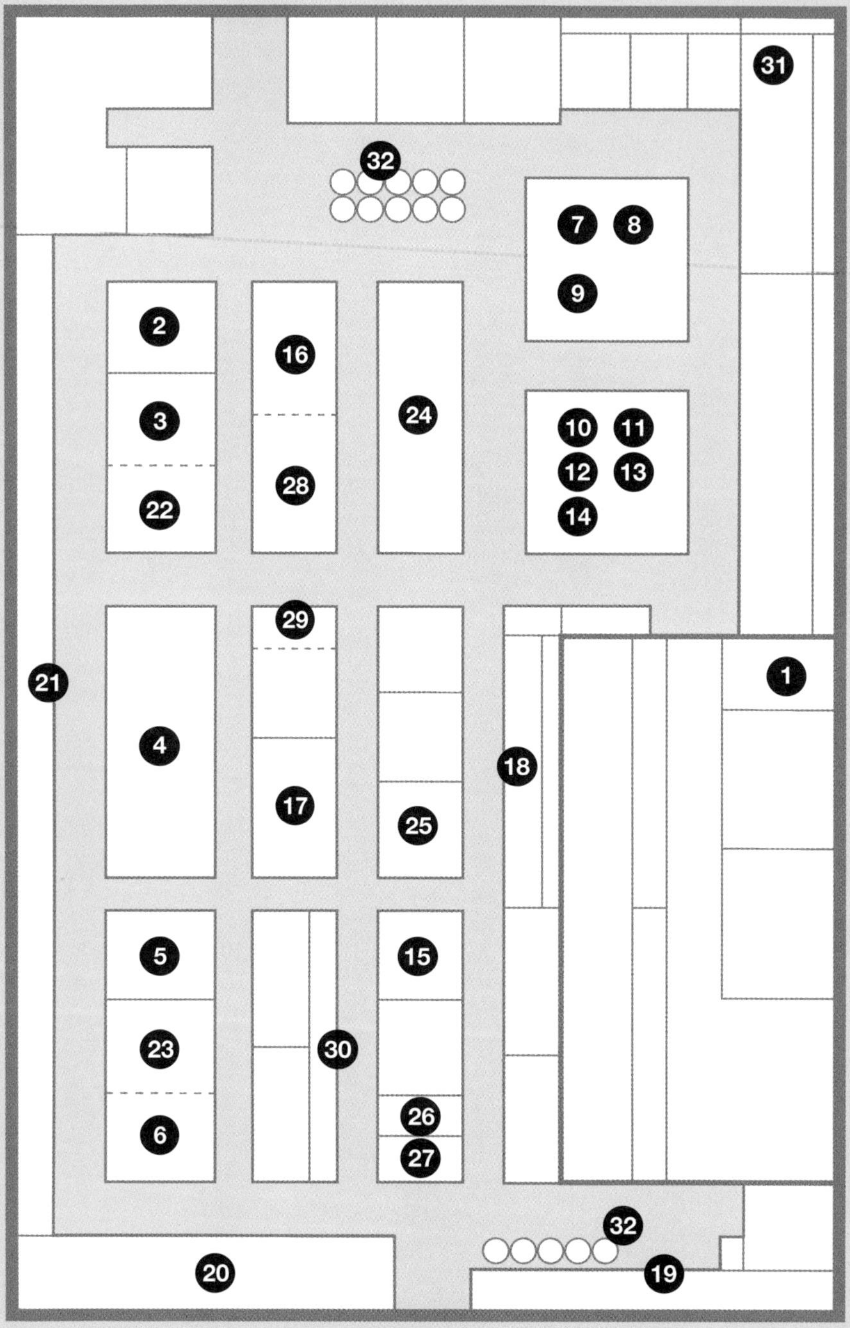

April

Der April liefert vielleicht schon die erste Ernte diesjähriger Aussaaten. Radieschen, Erbsensprossen, Gartensalate und Spinat stehen im zweiten Mistbeet bereit. Ansonsten gibt es viel auszusäen. Warum tun Sie sich nicht mit anderen Gartenbesitzern in der Umgebung zusammen und kaufen hochwertige Universalerde en gros? Das ist preiswerter als Einzelsäcke aus dem Gartencenter und es fällt auch nicht so viel Plastikmüll an. Da es im April viel zu tun gibt, sollte man jedes Wochenende eine Checkliste für die kommende Woche erstellen. So bekommen Sie die wichtigen Arbeiten auf die Reihe und erledigen nebenher die kleinen gleich mit.

Zuordnung:

Folientunnel

1. Koriander

Folienbeete

2. Frühkartoffeln
3. Pak Choi
22. Zucchini
4. Kartoffeln
5. Rote Beten
23. Buschbohnen
6. Blumenkohl

Mistbeet 1

7. Möhren
8. Frühlingszwiebeln
9. Speiserüben

Mistbeet 2

10. Erbsen (für Sprossen)
11. Gartensalate
12. Spinat
13. Radieschen
14. Pak Choi

Rahmenbeete

16. Dicke Bohnen
28. Chinakohl
29. Porree
17. Frühkartoffeln
30. Erbsen
24. Zwiebeln
25. Pastinaken
15. Knoblauch
26. Blattmangold
27. Radieschen
31. Schalotten

Kräuter und essbare Blüten

18. Mehrjährige Kräuter

Rabatten

19. Topinambur
20. Beeren
21. Reservebeet
32. Kartoffeltöpfe

IM FOLIENTUNNEL

Beete

Wässern Sie regelmäßig. Koriandersämlinge (links) dürfen aber nicht überwässert werden. Als Faustregel kann man sich merken: Gewässert wird, wenn sich die obersten 2–3 cm Erdreich trocken anfühlen. Ebenfalls wichtig ist gutes Jäten, denn Unkräuter starten jetzt durch.

AUF DEN SAMENREGALEN

Erbsen, Buschbohnen, Zwiebeln, Radieschen (Bild unten) und Blattmangold, die

Gemüse	Aussaat-woche	Modul-größe	Samen/Modul	Aussaat-tiefe	Zahl der Module	Ausdünnen auf
Kohlrabi	1	4 cm	2	2 cm	20	–
Rote Beten	2	4 cm	4–5	2 cm	40	3–4
Fenchel	2	4 cm	2	2 cm	20	1
Erbsen	2	4 cm	3	2-3 cm	80	3
Spazierstock-Kohl	2	7 cm	2	2 cm	8	1
Gurken	3	7 cm	1	1 cm	8	–
Speiserüben	3	4 cm	3–4	2 cm	20	3

im letzten Monat ausgesät wurden, wachsen jetzt wie verrückt. **Prüfen** Sie regelmäßig, ob sie ausreichend Feuchtigkeit haben.

Ziehen Sie Gemüse in Topfplatten vor. Die Tabelle links zeigt, was wann wie tief angesät werden sollte.

Sellerie

Säen Sie Sellerie im Haus, denn er keimt schwer und braucht Wärme. Füllen Sie eine Saatschale 6–7 cm hoch mit Substrat und legen Sie die Selleriesamen mit 2–3 cm Abstand darauf. Dann drücken Sie die Samen in die Erde und besprühen alles mit Wasser. Abgedeckt werden muss nicht. Die Saatschale kommt in einen durchsichtigen Plastikbeutel, der als Minigewächshaus fungiert, und wird auf eine warme Fensterbank gestellt. Sobald die Saat keimt, entfernt man den Beutel und wässert weiter regelmäßig.

FOLIENBEETE

Pflanzen Sie Zucchini, die im März im Mistbeet gekeimt sind, ins Folienbeet. Nehmen Sie die zwei kräftigsten Exemplare und setzen Sie sie mit 75 cm Abstand 30 cm vom Beetende entfernt zu den Frühkartoffeln und dem Pak Choi. Wenn ab Juni die Folien größtenteils abgenommen werden, können die Pflanzen auf den Weg hinauswachsen, statt das andere Gemüse im Beet zu bedrängen. Ende des Monats kommen die Buschbohnen zwischen Rote Bete und Blumenkohl. Sie werden mit 12–15 cm Abstand in Blöcken gepflanzt, damit sie sich gegenseitig stützen. Zucchini und Buschbohnen brauchen bei Kälte weiter **Schutz** (siehe S. 212–213).

MISTBEETE

Beet 1

Befeuert durch die Wärme im Beet, legen Möhren, Zwiebeln und Speiserüben jetzt ordentlich zu. Achten Sie ab der zweiten Aprilwoche darauf, dass sie immer genügend Feuchtigkeit haben, und **wässern** Sie bei Bedarf. Die ersten Speiserüben können vielleicht schon **geerntet** werden, wenn man sie klein mag.

Beet 2

Wenn die ersten Radieschen geerntet sind, **stellen** Sie die Töpfe mit Tomatensetzlingen auf den frei gewordenen Platz. Sie können auch ein Brett 5 cm tief eingraben und die Töpfe daraufstellen, damit die Tomatenwurzeln nicht in die Erde wachsen. Erbsensprossen, Gartensalat und Spinat sind jetzt erntereif. Wässern Sie bei Bedarf und klappen Sie die Abdeckung an warmen Tagen hoch, indem Sie sie mit Stäben stützen. Wenn die Tomaten zu hoch für das Mistbeet werden, **stellt** man sie in ein helles Fenster in der Wohnung (im Folientunnel ist es noch zu kalt für sie).

RAHMENBEETE

Im April kehrt in die Rahmenbeete langsam Leben ein. Es macht Spaß, die ersten Knoblauchtriebe aus der Erde spitzen zu sehen. **Jäten** Sie die Beete (und den restlichen Garten) regelmäßig, am besten wöchentlich, damit das Unkraut nicht überhandnimmt.

Pastinaken

Pastinaken werden **direkt ausgesät**, denn sie vertragen kein Umpflanzen. Ziehen Sie 2 cm tiefe Rillen in 15 cm Abstand und säen Sie die Samen dünn aus (1 Exemplar alle 2 cm), bevor Sie sie mit Erde **bedecken** und gut wässern. Sie brauchen eine Weile, bis sie keimen, haben Sie Geduld. Lassen Sie nie den Boden austrocknen, sonst wird es nichts mit der Keimung. Mit der Brettermethode (siehe S. 31) erhöhen Sie die Keimrate. Sobald die ersten Sämlinge erscheinen, **dünnt** man sie auf ein Exemplar alle 10 cm aus.

Zwiebeln

Die Steckzwiebeln aus dem Samenregal werden **ausgepflanzt**, sobald ihr Laub etwa 10 cm hoch ist. Setzen Sie sie in 15 cm Abstand zueinander in versetzten Reihen in die Erde. Abgehärtet werden müssen sie nicht.

Erbsen
Als Erstes **stellen** Sie eine Kletterhilfe für Erbsen auf, je nachdem, wie hoch die verwendete Sorte wird. Dann **pflanzen** Sie die Setzlingsgrüppchen in 5 cm Abstand aus, sobald sie 6–7 cm hoch sind. Ich verwende die Sorte 'Oregon Sugar Pod', die nur 1 m hoch wird, und bastle für sie eine simple Stütze aus Stäben und Schnüren.

Radieschen
Siedeln Sie die Setzlinge aus dem Samenregal mit 10 cm Abstand ins Beet um. Der Reihenabstand beträgt 10 cm, die Reihen werden versetzt angeordnet.

Blattmangold
Sobald die Pflänzchen ein paar echte Blätter haben, werden sie in zwei Reihen **ausgepflanzt**. 20 cm Abstand zwischen den Pflänzchen sind ratsam, denn sie legen ordentlich zu und werden sehr buschig.

Porree
Ich **treibe** Porree zuerst im Setzlingsbeet vor (nicht in Topfplatten) und setze ihn später an seinen endgültigen Platz – das ist der, den Chinakohl und Dicke Bohnen im Juli räumen. Weil Porree lang braucht, säe ich ihn in der ersten und zweiten Aprilwoche. Mit dem Rechenstiel ziehe ich zwei 2 cm tiefe Rillen in 15 cm Abstand und **gebe** 1–2 Samen/cm hinein. Dann abdecken, beschriften und immer gut wässern.

Schalotten
Schalotten werden wie Speisezwiebeln über Steckzwiebeln vermehrt. Man **steckt** sie in der ersten Aprilhälfte so an ihren endgültigen Standort, dass das obere Drittel aus der Erde ragt. Der Abstand zwischen den Zwiebeln beträgt 10 cm, der Reihenabstand auch. Die Reihen werden versetzt angeordnet.

Chinakohl

Er kommt neben die Dicken Bohnen (siehe Bild S. 61). Die Pflanzen setzt man mit 35 cm Abstand zueinander in Reihen mit 35 cm Abstand.

SALATBEET

Im April gibt es nichts zu tun.

KRÄUTER

Einjährige Kräuter

Sie werden Mitte April in Topfplatten ausgesät (unten im Bild Basilikum). Fangen Sie mit den vier Kräutern in der Liste unten an. Später kann man Kerbel und Bohnenkraut hinzufügen. Sie werden wie Dill ausgesät und ausgedünnt.

Mehrjährige Kräuter

Nun, da die mehrjährigen Kräuter allmählich gut eingewachsen sind, legen sie ordentlich zu. Wenn Sie im März einen ganzen Horst Schnittlauch verpflanzt

Kraut	Aussaat-woche	Modul-größe	Samen/ Modul	Aussaat-tiefe	Zahl der Module	Ausdün-nen auf
Basilikum	2	4 cm	5–6	1 cm	40	3
Dill*	2	4 cm	4–5	1 cm	10	3
Koriander*	2	4 cm	5–6	2 cm	20	4
Petersilie*	2	4 cm	4–5	2 cm	10	3

*Um Platz zu sparen, kann man diese drei Kräuter in eine Topfplatte mit 40 Modulen säen.

ESSBARE BLÜTEN

Blume	Aussaat-woche	Modul-größe	Samen/ Modul	Aussaat-tiefe	Zahl der Module	Ausdün-nen auf
Borretsch	3	7 cm	2	1 cm	5	1
Kapuzinerkresse	2	7 cm	1	3 cm	6	–
Kornblumen*	2	4 cm	4–5	1 cm	10	3
Ringelblumen*	2	4 cm	2	2 cm	20	1
Veilchen, essbare*	2	4 cm	2–3	1 cm	10	1

*Um Platz zu sparen, kann man diese drei Blumen in eine Topfplatte mit 40 Modulen säen.

haben, können Sie jetzt im April schon die ersten Blätter als Zutat für Salate ernten.

Meine Top Five der **essbaren Blüten** säe ich im April unter Abdeckungen aus. Samen von Kapuzinerkresse, Borretsch und Ringelblume lassen sich gut im Herbst sammeln und müssen daher nur ein einziges Mal gekauft werden. Wenn von selbst aufgegangene Exemplare irgendwo auftauchen, gräbt man sie mit einer Handschaufel aus und **verpflanzt** sie an einen anderen Platz.

RABATTEN

Kartoffeltöpfe

Kartoffeln eignen sich ausgezeichnet für die Topfkultur. Die Knollen, die ein paar große Pflanzgefäße liefern, ergänzen den Ertrag aus den Beeten. Ich wähle eine späte Sorte, die fast die ganze Saison braucht, bis sie reif ist. Wenn die Pflanzen im Herbst einziehen, staple ich die Töpfe. Meine Lieblingssorte ist ‘Sarpo Mira’, weil sie sehr widerstandsfähig gegen Krautfäule ist. Im Winter stelle ich die Töpfe in einen Folientunnel oder Gartenschuppen und kippe sie aus, wann immer ich Knollen brauche – eingelagert werden müssen sie nicht!

Für Kartoffeln brauchen Sie 30- bis 35-Liter-Töpfe. Sie haben genau das richtige Volumen und lassen sich gerade noch im Garten herumschleppen. Mischen Sie 50 Prozent Gartenerde, Laubhumus oder alte Erde mit 50 Prozent Kompost oder gut verrottetem Stallmist. Wer nicht genug Kompost hat, kann auch 20 Prozent geschreddertes Herbstlaub, Seetang oder Grasschnitt verwenden. Setzen Sie zwei Saatkartoffeln knapp über der Mitte in den Topf und füllen Sie den Rest der Mischung ein. Zwischen Oberfläche und Topfrand lässt man 2–3 cm frei, um später noch Mulch auftragen zu können, der die Verdunstung von Bodenfeuchtigkeit verringert. Als Mulchmaterial eignen sich Grasschnitt und Hackschnitzel. Nach dem Einpflanzen wird reichlich gewässert – 5 Liter Wasser sollten es schon sein.

KOMPOST

Geben Sie im Lauf des Monats immer wieder Nachschub in den Komposter. Wenn Ihr Garten oder Ihre Küche nicht genug Material abwerfen, erschließen Sie sich weitere Quellen, indem Sie Freunde, Verwandte, Nachbarn oder Kollegen um Nachschub bitten.

064

Selbst-
versorgung
aus dem
Garten

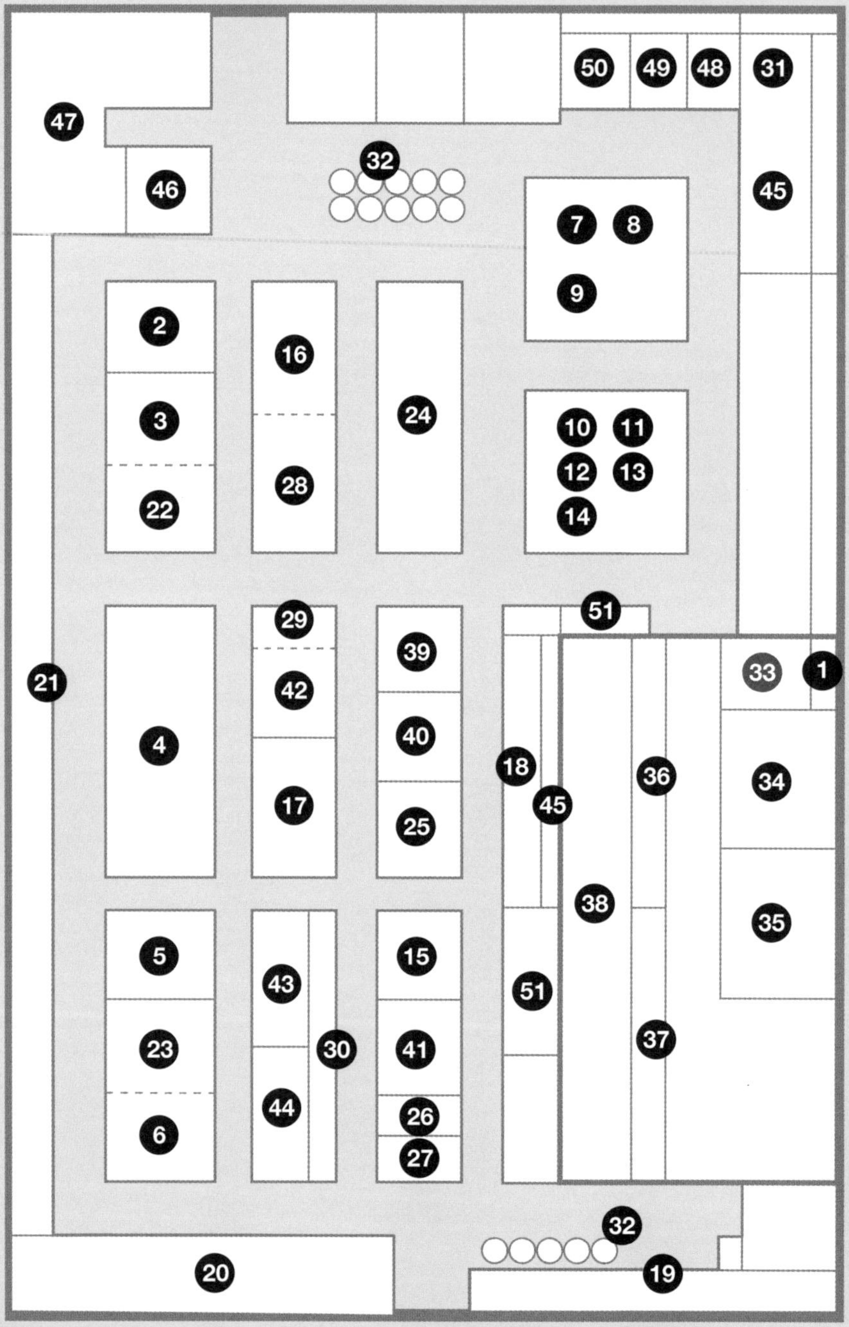

Mai

Ende Mai ist endlich Schluss mit Frösten. Er ist mein Lieblingsmonat und eine sehr dynamische Zeit. Die Temperaturen steigen, die Tage werden merklich länger und etliche Setzlinge wollen endlich ins Freie. Ein weiterer Grund zum Feiern sind die ersten größeren Erträge, die die Mistbeete liefern. Weil es immer wärmer wird und sehr lange hell bleibt, wachsen viele Nutzpflanzen nun mit aller Kraft. Der Garten wird grüner und verändert sich fast täglich. Aber gerade weil alles so gut gedeiht, muss man auch ordentlich jäten, um das Unkraut in Schach zu halten, denn es konkurriert mit den Jungpflanzen um Wasser und Nährstoffe.

Zuordnung:

Folientunnel

1. Koriander
33. Koriander > **Chilis**
34. Auberginen
35. Gurken
36. Basilikum
37. Hängetomaten
38. Rispentomaten

Folienbeete

2. Frühkartoffeln
3. Pak Choi
22. Zucchini
4. Kartoffeln
5. Rote Beten
23. Buschbohnen
6. Blumenkohl

Mistbeet 1

7. Möhren
8. Frühlingszwiebeln
9. Speiserüben

Mistbeet 2

10. Erbsen (für Sprossen)
11. Gartensalate
12. Spinat
13. Radieschen
14. Pak Choi

Rahmenbeete

46. Sellerie
16. Dicke Bohnen
28. Chinakohl
29. Porree
42. Spazierstock-Kohl
17. Frühkartoffeln
30. Erbsen
43. Rote Beten
44. Fenchel
24. Zwiebeln
39. Speiserüben
40. Steckrüben
25. Pastinaken
15. Knoblauch
41. Kohlrabi
26. Blattmangold
27. Radieschen
31. Schalotten
45. Erbsen

Salatbeet

47. Blattsalate

Beet für Kräuter und essbare Blüten

51. Essbare Blüten
18. Mehrjährige Kräuter
45. Erbsen
50. Koriander
49. Petersilie
48. Dill

Rabatten

19. Topinambur
20. Beeren
21. Reservebeet
32. Kartoffeltöpfe

IM FOLIENTUNNEL

Beete

Tomaten

Nach den Eisheiligen **ziehen** die eingetopften Tomaten von drinnen nach draußen in den Folientunnel um. Fangen Sie mit den Rispentomaten an. Sie **kommen** in das 6-m-Beet, das zwei versetzte Reihen à 9–10 Pflänzchen aufnimmt, wobei zwischen den Pflanzen und Reihen 60 cm Abstand bleiben. So bekommen alle viel Licht und Luft, was das Krankheitsrisiko im Sommer reduziert. Damit die Pflanzen stabil stehen, werden sie bis zum ersten Blattpaar in der Erde versenkt, nachdem man ein tiefes Loch gegraben und zwei Handvoll Kompost **hineingegeben** hat. Zum Schluss wird reichlich gewässert. Nach ein paar Tagen **stellen** Sie eine einfache Stütze auf, an der die Triebe hochwachsen können. Dazu binden Sie zunächst eine Schnur um den Ansatz der Tomate, winden Sie spiralig um den Trieb nach oben und binden das Ende an eine Strebe. Befestigen Sie die Schnur mit einem Slipknoten, damit Sie sie lockern können, wenn die Pflanze wächst.

Als Nächstes sind die eingetopften Hängetomaten an der Reihe. Sie **kommen** mit 30 cm Abstand in das gleiche Beet. Man muss sie zwar nicht so tief pflanzen wie die Rispentomaten, doch **brauchen** auch sie zwei großzügige Handvoll Kompost. Gestützt werden müssen sie nicht, denn sie wachsen über den Beetrand.

Basilikum

Das im April ausgesäte Basilikum wird Ende Mai in den Folientunnel **gepflanzt**. Ich setze die Pflänzchen als lange Reihe in eines der Beete. Die Horste sollten 10 cm Abstand haben und gut gewässert werden. Man kann auch die Tomaten

mit Basilikum als lebenden Mulch **unterpflanzen**.

Koriander und Chili
Holen Sie Ende des Monats die meisten Korianderpflanzen heraus, aber lassen Sie ein paar im Hintergrund stehen, damit sie blühen und Samen ansetzen, die man frisch oder getrocknet als Gewürz verwenden kann. Ende Mai **kaufen** Sie Chilijungpflanzen, die Sie mit 40 cm Abstand ins Beet **pflanzen** und gut einwässern.

Auberginen
Die gekauften Auberginensetzlinge (Bild links) werden mit 50 cm Abstand gepflanzt. Weil die Früchte später ziemlich schwer werden, stütze ich die Pflanzen mit einem 1,2 m hohen Stab, den ich 30 cm tief in die Erde drücke. Den Trieb binde ich nach und nach locker daran fest.

Gurken
Als Stütze für Gurken bevorzuge ich ein Tipi aus vier 1,6 m langen Stangen. Wir haben Platz für zwei Tipis, die sogar sehr dekorativ aussehen. **Drücken** Sie die Stangen mit 60 cm Abstand so in den Boden, dass sie sich am oberen Ende zusammenbinden lassen. Dann pflanzen Sie neben jede Stange einen Setzling. Wichtig ist regelmäßiges Wässern. **Mulchen** Sie sie mit Grasschnitt, damit der Boden feucht bleibt. Man kann Gurken auch an Schnüren ziehen (siehe dazu Tomaten im Juni, S. 78).

AUF DEN SETZLINGSREGALEN

Neben Gurken sind nun auch Sellerie, Kohlrabi, Rote Beten, Spazierstock-Kohl, Speiserüben, Fenchel und Erbsen **startklar** und können nach draußen, damit Platz für die nächsten Sätze von Gemüse frei wird (siehe unten).

Gemüse	Aussaatwoche	Modulgröße	Samen/ Modul	Aussaattiefe	Zahl der Module	Ausdünnen auf
Blumenkohl	1	7 cm	1	2 cm	8	1
Kletterbohnen	1	7 cm	1	3–4 cm	40	–
Zucchini	1	7 cm	2	0,5 cm	6	1
Kohlrabi	1	4 cm	2	2 cm	20	1
Violetter Sprossenbrokkoli	1	4 cm	2	2 cm	8	1
Sommerkürbis	1	7 cm	2	0,5 cm	2	1
Winterkürbis	1	7 cm	2	0,5 cm	2	1
Gurken	2	7 cm	2	0,5 cm	6	1
Buschbohnen	2	4 cm	1	2 cm	20	–
Stielmangold	3	4 cm	3–4	2 cm	20	3
Radieschen	3	4 cm	3–4	2 cm	40	–

FOLIENBEETE

In den Folienbeeten gibt es noch wenig zu tun, außer die Kartoffeln (siehe links) zu **wässern**, für gute Durchlüftung zu sorgen, zu **jäten** und mit der Ernte von Pak Choi (siehe links unten) zu beginnen. Alles kann jede zweite Woche mit selbst angesetzter Pflanzenjauche (siehe S. 210) **verwöhnt** werden.

MISTBEETE

Im Mai tut sich jede Menge. Die ersten Ernten können aus den Mistbeeten geholt werden. Enthalten die Beete Pferdemist oder Seetang, muss nicht gedüngt werden, aber wenn der Inhalt aus Holzmulch besteht, empfehle ich alle zwei Wochen einen selbst angesetzten Dünger.

Beet 1

In der zweiten Monatshälfte können Sie schon frische Mini-Speiserüben genießen, ferner ein paar Babymöhren und junge Frühlingszwiebeln – bei den beiden Letzteren handelt es sich um Exemplare, die beim Ausdünnen ausgezupft wurden. **Nehmen** Sie als Erstes die größten heraus, damit die kleineren weiterwachsen und im Juli geerntet werden können.

Beet 2

Es gibt diesen Monat viel zu ernten. Wo vorher Radieschen und Tomatensetzlinge waren, können Sie nun einen weiteren Satz Radieschen **direkt aussäen**, der Mitte Juni erntereif ist. Wenn Sie Spinat und Gartensalate (unten) ernten, **zupfen** Sie nur die äußeren Blätter ab, statt die ganze Pflanze abzuschneiden. So schaffen Sie Platz und sorgen dafür, dass die Pflanzen in den nächsten Wochen beständig abgeerntet werden können.

RAHMENBEETE

Steckrüben

Säen Sie einen Samen alle 2 cm in 2 cm tiefen Rillen mit 15–20 cm Abstand zueinander. Sobald die Sämlinge die ersten echten Blätter tragen, werden sie auf einen Sämling alle 10 cm ausgedünnt, damit bis zum Winter große Rüben entstehen können.

Speiserüben

Die Setzlinge **wandern** in der zweiten Maiwoche ins Beet. Lassen Sie 15 cm Abstand zwischen den Horsten und legen Sie die Reihen

versetzt mit 10 cm Abstand an. Man kann auch direkt mit 15 cm Reihenabstand **säen**.

Kohlrabi
Die Setzlinge sind jetzt noch klein, doch ist Ende Mai der richtige Zeitpunkt, sie mit 15 cm Abstand in versetzten Reihen **auszupflanzen**. Zwischen den Reihen lässt man ebenfalls 15 cm Abstand.

Spazierstock-Kohl
Sobald die ersten vier Pflänzchen 4–5 echte Blätter tragen, **kommen** sie in die Hochbeete. Die anderen beiden lässt man weiterwachsen, bis im Juli die Porreesetzlinge herausmüssen und sie ihren Platz einnehmen können. Visieren Sie zwei Reihen à drei Kohlsetzlinge mit 40 cm Abstand zwischen den Pflanzen und 60 cm Reihenabstand an.

Rote Bete
Pflanzen Sie die Setzlinge in der ersten Monatshälfte mit 20 cm Abstand aus. Die Reihen werden versetzt mit 15 cm Abstand zueinander angelegt (Bild oben).

Fenchel
Die Setzlinge werden abgehärtet und zur Monatsmitte mit 15–20 cm Abstand **ausgepflanzt**. Legen Sie drei versetzte Reihen mit 15 cm Abstand zueinander an.

Erbsen
Erbsen kann man nie genug haben. Zusätzlich zu den im April umgepflanzten Setzlingen (siehe rechts oben und unten) kann man weitere zusammen mit einer Stütze neben die Schalotten **setzen**. Sie werden nach und nach an die Stütze gebunden. **Platzieren** Sie die Setzlinge mit 8 cm Abstand zueinander in versetzten Reihen mit 8 cm Reihenabstand. Was übrig bleibt, kann zwischen die mehrjährigen Kräuter und in den Folientunnel **gepflanzt** werden.

Sellerie
Sobald die Pflänzchen auf der Fensterbank 5 cm hoch sind, **kommt** jedes in einen 7-cm-Topf und wird auf ein Regal im Folientunnel gestellt. Wenn Ende Mai kein Frost mehr droht, **pflanzt** man sie aus. Lassen Sie

30 cm Abstand zwischen den Pflänzchen und auch zwischen den Reihen.

Radieschen
Füllen Sie nach dem Ernten die entstandenen Lücken gleich wieder mit neuen Setzlingen, indem sie alle paar Wochen zehn einpflanzen. Man kann auch manche Exemplare blühen und Samen ansetzen lassen. Mit den Blüten lassen sich Salate würzen, die grünen Samen kann man essen.

Knoblauch
Wenn Sie sich für Schlangenknoblauch entschieden haben, können Sie schon im Mai und Anfang Juni die köstlichen Schäfte ernten (Bild oben). Sie werden einfach abgebrochen – gedünstet schmecken sie fantastisch. Das Abschneiden sorgt außerdem dafür, dass die Pflanze ihre ganze Energie in die Zwiebelbildung statt in die Blüte steckt.

SALATBEET

In der zweiten Maiwoche werden Salate direkt **ausgesät**. Vorher aber noch ein Tipp: Säen Sie nur, was Sie auch gern essen. Ich mag Rucola und Asia-Salate.

Das große Salatbeet eignet sich für Folgesaaten, die Sie kontinuierlich versorgen. **Besäen** Sie immer nur ein Drittel des Beets auf einmal und warten Sie mit dem Besäen des nächsten Drittels einige Wochen – und noch einmal ein paar, bevor Sie das letzte Drittel füllen. Bei Hitze und Trockenheit werden Salate schnell bitter, aber die 14-tägige Aussaat sollte bis Oktober genug frische Blätter liefern. Ausgesät wird in flachen Rillen mit 15 cm Abstand. Halten Sie die Erde stets feucht, vor allem bis zur Keimung.

Blattsalate

- Cima di rapa (Stängelkohl)
- Chicorée
- Dicke Bohnen (Sprossen)
- Komatsuna
- Gartensalate (z. B. Romana, Kopfsalat)
- Mizuna
- Blattsenf

- Erbsen (Sprossen)
- Rucola
- Sauerampfer
- Spinat
- Tatsoi

RABATTENKRÄUTER

Einjährige Kräuter
Dill, Petersilie, Koriander
Sobald ihre Setzlinge 3–4 echte Blätter tragen, **pflanzt** man sie in die Rabatten um. Petersilie kann horstweise mit 15 cm Abstand zwischen den Horsten und Reihen gepflanzt werden. Bei Dill und Koriander reichen 10 cm Abstand bei versetzten Reihen mit 8 cm Abstand.

Mehrjährige Kräuter
Minze
Im Mai können die ersten Triebe der im März ausgepflanzten Setzlinge **geerntet** werden. Lassen Sie mindestens 5 cm stehen, damit die Pflanze neue Triebe bildet.

Schnittlauch
Er wird nach Bedarf **geerntet**. Ende Mai bilden sich schöne violette Blüten (rechts). Sie sind ebenfalls essbar, aber lassen Sie welche für die Bienen stehen.

ESSBARE BLÜTEN

Die zweite Maihälfte ist genau die richtige Zeit, im April gesäte essbare Blüten auszupflanzen. Der Borretsch kommt nach hinten, die kriechende Kapuzinerkresse an den vorderen Beetrand. Den Zwischenraum füllt man mit Ringelblumen, Veilchen und Kornblumen in 10-cm-Abständen. Ein bisschen Abwechslung bringt man mit weiteren essbaren Blüten wie Koriander und sogar Gemüse wie Radieschen ins Spiel, die man einfach blühen und Samen ansetzen lässt.

RABATTEN

Farbtupfer bringe ich mit ausgesäten Duftwicken und Kosmeen in Rabatten.

Kartoffeltöpfe
Ende Mai sollte das Kraut ordentlich zulegen. **Wässern** Sie im Mai besonders gut. Wenn Sie Farbakzente setzen möchten, **pflanzen** Sie in einige Töpfe Kapuzinerkresse und lassen Sie sie über den Rand wachsen.

Beeren
Um die Fruchtbildung zu fördern, jätet man und **mulcht** nach dem Wässern, indem man Karton um die Sträucher legt und mit Hackschnitzeln bedeckt. Dann sind Sie das Unkraut bis zum Saisonende los.

KOMPOSTER

Bis zum Monatsende sollte der erste Haufen voll sein. Wenn Sie zusätzliches Material brauchen, besorgen Sie es sich von Bekannten, Verwandten und Nachbarn. Ein voller Komposter ist eine wertvolle Investition in das nächste Jahr.

076

**Selbst-
versorgung
aus dem
Garten**

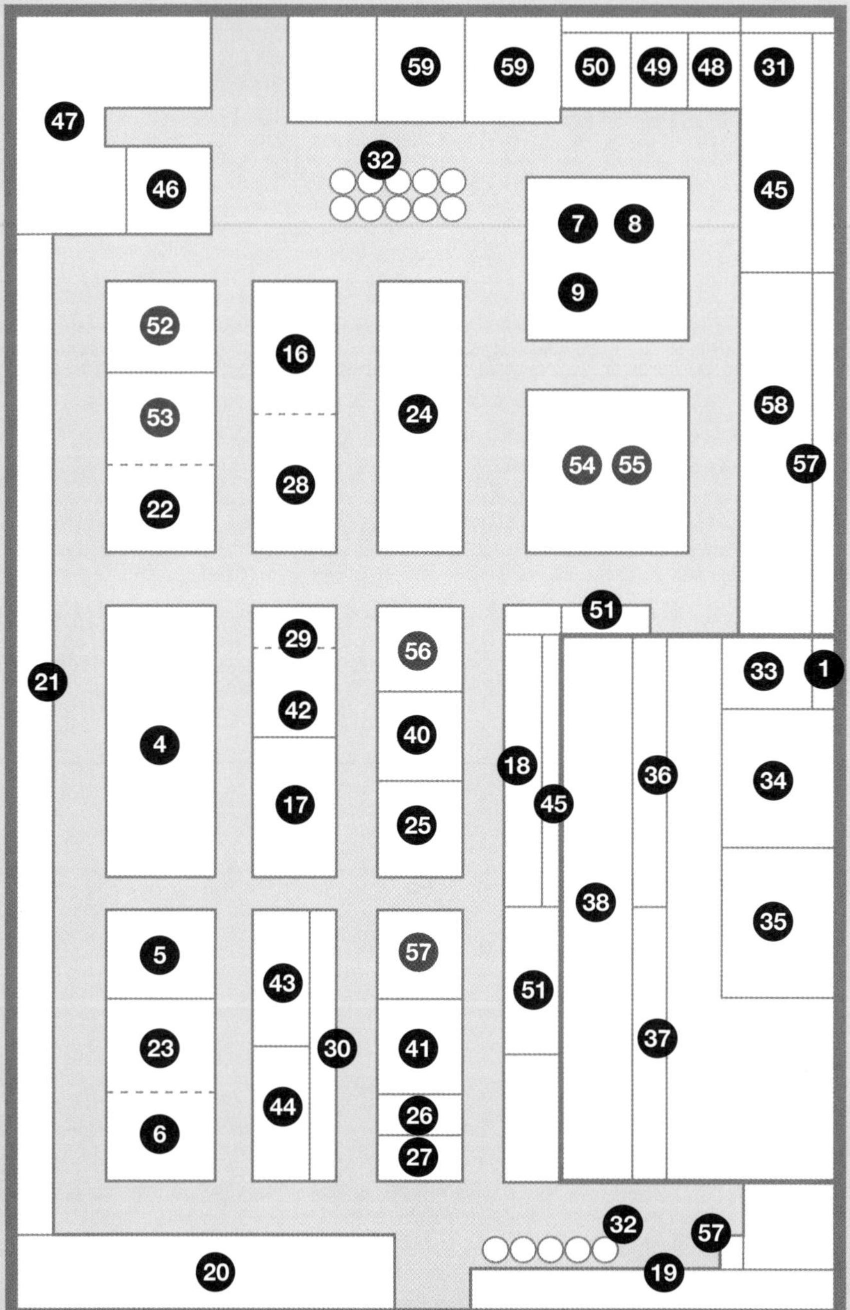

Juni

Ab Monatsbeginn sollte man täglich ein Kilogramm Köstlichkeiten ernten können. Neben Salaten sind das Erbsen, Rote Beten, Zucchini, Möhren, Frühlingszwiebeln und Frühkartoffeln. Sie können auch den Rest des nicht winterharten Gemüses auspflanzen, denn Frost ist jetzt mit Sicherheit nicht mehr zu erwarten. Wässern Sie die neu ins Freie gebrachten Gewächse in den ersten ein, zwei Wochen reichlich, vor allem bei warmem, trockenem Wetter. Sollte im Folienbeet noch Pak Choi sein, ernten Sie ihn und verwandeln Sie ihn in ein leckeres Kimchi, das Sie im Kühlschrank aufbewahren und in den nächsten Monaten nach und nach verputzen können.

Zuordnung

Folientunnel

1. Koriander
33. Chilis
34. Auberginen
35. Gurken
36. Basilikum
37. Hängetomaten
38. Rispentomaten

Folienbeete

52. Frühkartoffeln > **Stielmangold**
53. Pak Choi > **Buschbohnen**
22. Zucchini
4. Kartoffeln
5. Rote Beten
23. Buschbohnen
6. Blumenkohl

Mistbeet 1

7. Möhren
8. Frühlingszwiebeln
9. Speiserüben

Mistbeet 2

54. Erbsen (Sprossen), Gartensalat, Spinat > **Blumenkohl**
55. Radieschen, Pak Choi > **Gurken**

Rahmenbeete

46. Sellerie
16. Dicke Bohnen
28. Chinakohl
29. Porree
42. Spazierstock-Kohl
17. Frühkartoffeln
30. Erbsen
43. Rote Beten
44. Fenchel
24. Zwiebeln
56. Speiserüben > **Kohlrabi**
40. Steckrüben
25. Pastinaken
57. Knoblauch > **Kletterbohnen**
41. Kohlrabi
26. Blattmangold
27. Radieschen
31. Schalotten
45. Erbsen
58. Zucchini

Salatbeet

47. Blattsalate

Kräuter und essbare Blüten

51. Essbare Blüten
18. Mehrjährige Kräuter
45. Erbsen
50. Koriander
49. Petersilie
48. Dill

Rabatten

57. Kletterbohnen
19. Topinambur
20. Beeren
21. Reservebeet
32. Kartoffeltöpfe

Komposter

59. Winterkürbis

IM FOLIENTUNNEL

Beete

Tomaten

Tomaten legen nun mächtig zu. **Entfernen** Sie die Seitentriebe von Rispentomaten, die aus den Blattachseln des Haupttriebs wachsen, damit die Pflanze ihre Energie in den Haupttrieb steckt und dort viele Tomatenrispen ansetzt (Ausgeizen). Das Ausgeizen lässt auch mehr Licht und Luft an die Pflanze. Wird der Haupttrieb höher, **führt** man ihn behutsam um die Schnur, die im letzten Monat an das Dach des Folientunnels gebunden wurde (unten). Tomaten sollte man regelmäßig wässern und zweimal im Juni mit selbst angesetzter Pflanzenjauche (siehe S. 210) verwöhnen. Statt mit Basilikum kann man sie auch mit Studentenblumen **unterpflanzen**, die Nützlinge anlocken, Schädlinge fern-

halten und Farbe ins Beet bringen.

Basilikum
Es setzt nun viel Laub an und muss regelmäßig gewässert und **abgeerntet** werden. Man kann Basilikum zusätzlich als Begleitpflanzen unter Tomaten säen oder einpflanzen.

Gurken, Chilis, Auberginen
Sie werden wie Tomaten gut gewässert und **gedüngt** (links Gurken).

Koriander
Die wenigen verbliebenen Pflanzen blühen jetzt und setzen Samen an. Letztere können als Gewürz für Eingelegtes und Vergorenes verwendet werden.

AUF DEN SETZLINGSREGALEN

Violetter Sprossenbrokkoli
Damit die Setzlinge größer werden, bevor sie im Juli nach draußen kommen, topft man sie noch einmal um.

Gemüse	Aussaatwoche	Modulgröße	Samen/Modul	Ausaattiefe	Zahl der Module	Ausdünnen auf
Kletterbohnen (nach dem Ernten von Knoblauch)	1	Tief	1	3–4 cm	10	–
Grünkohl	1	4 cm	2	0,5 cm	20	1
Winterkohl	1	4 cm	2	2 cm	20	1
Fenchel	2	4 cm	2	2 cm	20	1
Chinakohl	2	4 cm	2	1 cm	14	1
Violetter Sprossenbrokkoli (im Folientunnel)	2	4 cm	2	2 cm	10	1
Frühlingszwiebeln	2	4 cm	5–6	1 cm	20	–
Speiserüben	2	4 cm	3–4	2 cm	10	3
Winterkürbisse (im Mistbeet)	2	7 cm	2	0,5 cm	2	1
Koriander und Dill	3	4 cm	4–6	2 cm	Jeweils 10	3–4
Buschbohnen	3	4 cm	1	2 cm	40	–

FOLIENBEETE

Endlich ist die ertragsarme Zeit zu Ende. Alles wächst wie verrückt. Sie können die ersten Roten Beten der Saison **ernten** und Ihre erste Mahlzeit mit frisch ausgegrabenen Frühkartoffeln genießen. Eine einzige Kartoffelstaude liefert 500–750 g Kartoffeln, was für zwei Portionen reicht. Sind die Frühkartoffeln geerntet, pflanzt man den Stielmangold mit 15 cm Abstand an ihre Stelle und **wässert** gut. Das Folienbeet mit den Kartoffeln der Haupternte muss regelmäßig gewässert werden, damit sie weiter gedeihen. Außerdem senkt gutes Gießen das Krankheitsrisiko (Schorf). Zum Monatsende kann man auch schon den ersten Blumenkohl **ernten**. Den restlichen Pak Choi räumt man und **pflanzt** die im Mai gesäten Buschbohnen in 12–15 cm Abstand.

MISTBEETE

Beet 1

Wässern Sie das Beet gut und **ernten** Sie weiterhin Frühlingszwiebeln und Möhren. Aber statt das Möhrenlaub wegzuwerfen, kann man es in ein leckeres Pesto **verwandeln**, das man mit Frühkartoffeln genießt.

Beet 2

Bis Anfang Juni sollten die Mistbeete etwa 6 kg Salate geliefert haben. Nun aber setzen die Salate allmählich Samen an und müssen kompostiert werden. Damit **macht** man Platz frei für vier der im Mai ausgesäten Blumenkohlpflanzen. **Platzieren** Sie außerdem noch sechs Freilandgurkensetzlinge (siehe Bild rechts unten) mit 50 cm Abstand an der Wand, die nach Norden zeigt. Der Beetertrag lässt sich noch dadurch steigern, dass man eine Winterkürbispflanze hinzufügt, die man über die Südwand des Beets wachsen lässt.

RAHMENBEETE

Mir gefällt, wie die Beete inzwischen vor Grün strotzen. Steckrüben und Pastinaken legen zu, Erbsen gibt es in Hülle und Fülle und auch die Frühkartoffeln können **geerntet** werden, wenn die im Folienbeet verbraucht sind. Sogar der Knoblauch ist so weit. Sind die Zwiebeln aus der Erde, ersetzt man sie durch Kletterbohnen.

Erbsen

Zupfen Sie die Zuckererbsen ab, damit die Pflanzen weiterhin frische Blüten und Schoten ansetzen. Falls die Triebe seitwärts wachsen, bindet man sie an die Stütze.

Speiserüben

Die größten Exemplare können Sie jetzt **ernten**, damit die kleineren mehr Platz zum Wachsen haben.

Kohlrabi

Tennisballgroße Knollen können jetzt **geerntet** werden. Rösten Sie sie mit ein paar Kräutern in der Pfanne.

Spazierstock-Kohl

Ernten Sie dieses wüchsige Gemüse ab Mitte Juni wöchentlich ab. Damit es weiter gedeiht, muss es gut gewässert werden.

Blattmangold

Sie können dieses enorm ertragreiche Blattgemüse jetzt schon ernten, ich empfehle jedoch, die Pflanzen **weiterwachsen** zu lassen, denn dann können Sie zweimal ernten: einmal die großen grünen Blätter und dann die süßen, knackigen Stiele. Wer immer nur ein paar Blätter pro Pflanze abschneidet, wird kontinuierlich versorgt.

Dicke Bohnen

Wenn die Schoten dick und hart werden (siehe Bild unten), wird es Zeit, sie zu ernten. Falls manche Pflanzen umfallen, binden Sie sie an Stäben fest.

Zucchini

Setzen Sie die im Mai gepflanzten Zucchini mit 75 cm Abstand vor die Kletterbohnen. Man kann auch zwei davon durch zwei Winterkürbisse ersetzen (wenn Sie nicht einen davon ins Mistbeet gepflanzt haben).

Knoblauch

Knoblauch (rechts) wird traditionell um die Sommersonnenwende geerntet. Schlangenknoblauch ist reif, wenn die untersten Blätter gelb werden, Echter Knoblauch, sobald die Triebe umfallen. Ziehen Sie die Knollen vorsichtig heraus, streifen Sie die Erde ab und binden Sie 6–7 zusammen. So hängt man sie zwei Wochen lang in den Folientunnel und lagert sie anschließend kühl und trocken. Den frei gewordenen Platz füllen Sie mit einem Stangenzelt, an das Sie vorgezogene Kletterbohnen pflanzen oder an jede Stange direkt einen Bohnenkern 5 cm tief stecken.

SALATBEET

Es ist an der Zeit, die ersten Salate zu ernten. Wässern Sie das Beet gut, um Salate in Top-Qualität zu bekommen und ein Schossen (vorzeitiges Blühen) der Pflanzen zu vermeiden.

KRÄUTER

Einjährige Kräuter
Dill, Petersilie und Koriander werden nach Bedarf **geerntet**. Gegen Ende Juni sät man einen frischen Posten Koriander und Dill entweder direkt oder in Topfplatten aus. Sie ersetzen die bisherigen Kulturen, nachdem diese geblüht und Samen angesetzt haben (Bild unten). Petersilie ist zweijährig und liefert weiter frisches Laub.

Mehrjährige Kräuter
An Kräutern für die Küche sollte jetzt kein Mangel bestehen. Mit Ausnahme von Schnittlauch, den man bis zum Ansatz zurückschneiden kann, damit er noch einmal austreibt, setzen die übrigen Kräuter in diesem Monat an, was das Zeug hält.

ESSBARE BLÜTEN

Borretsch, Ringelblumen und Kapuzinerkresse (Bild links) stehen jetzt in voller Blüte und bereichern mit ihren Farben Sommersalate. Die Blüten locken zudem Bienen und andere Bestäuber an, die den Garten wiederum durch Bewegung und Naturklänge bereichern.

RABATTEN

Kletterbohnen
Bevor Sie Anfang Juni die Bohnen in einer langen Reihe auspflanzen, **bauen** Sie vor der Südwand ein Gerüst aus A-förmigen Stützen. Stecken Sie zu beiden Seiten des Gerüsts alle 30 cm einen Bambusstab in in die Erde und **pflanzen** Sie neben jeden einen Setzling. Ich stecke außerdem einige Bohnen in die Rabatten. Danach gut wässern.

Beeren
Ernten Sie Erdbeeren, Johannisbeeren und Stachelbeeren, sobald sie reif sind, was je nach Region meist zum Ende des Monats der Fall ist. Rhabarberstangen (Bild unten, rechts) werden weiter **abgeschnitten**, aber lassen Sie mindestens 50 Prozent der Pflanzen stehen. Ich koche und friere Rhabarber gern für Kuchen im Winter ein. Die Stauden müssen Ende Juni gut gewässert und mit Flüssigdünger verwöhnt werden.

KOMPOSTER

Nutzen Sie Ihren Komposter als Zusatzbeet, indem Sie darin zwei Winterkürbissetzlinge **anpflanzen**. Graben Sie dazu zwei 30 x 30 cm große Löcher diagonal gegenüber in die Ecken. Sie werden mit Erde gefüllt, dann kommen die Setzlinge hinein. Nun nur noch andrücken und gut wässern. Die Triebe sollten in die entgegengesetzte Richtung wachsen.

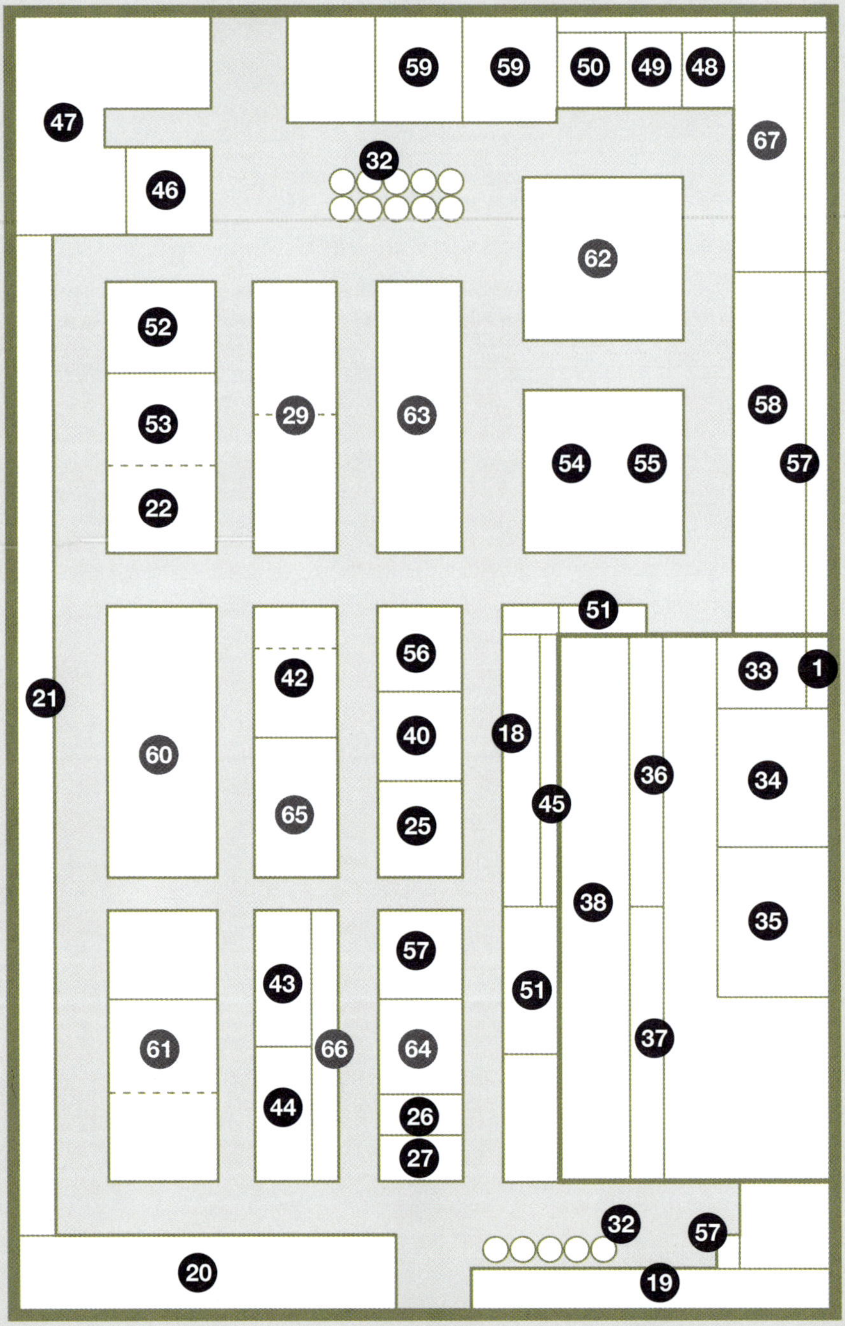
59
59
50
49
48
47
32
46
67
62
52
53
22
29
63
54
55
58
57
51
33
1
21
60
42
65
56
40
25
18
45
36
34
38
35
43
44
61
66
57
64
26
27
51
37
32
57
20
19

Juli

Im Juli besteht kein Anlass, Gemüse und Kräuter zu kaufen. Der Garten liefert weit mehr, als sich verputzen lässt. Deshalb ist es jetzt an der Zeit, mit dem Einmachen zu beginnen, damit man im Winter die Früchte des Sommers genießen kann. Was für welche Pflanze empfehlenswert ist, angefangen vom Rösten von Roten Beten für den Gefrierschrank über das Blanchieren von Blumenkohl bis hin zum Zubereiten von Kimchi, erfahren Sie im Kapitel »In der Küche« und der Geschmackstabelle (siehe S. 156–161). Diesen Monat liefern Kartoffeln und Zwiebeln die Haupterträge, doch ist der Juli zugleich der Beginn der Tomatensaison. Sie und der im Juni geerntete Knoblauch sind wesentliche Schritte auf dem Weg zur Selbstversorgung. Außerdem geht es im Juli im Garten besonders farbenfroh zu, denn die essbaren Blüten zünden ein Feuerwerk aus Blau, Gelb und Orange.

Zuordnung

Folientunnel

1. Koriander
33. Chilis
34. Auberginen
35. Gurken
36. Basilikum
37. Hängetomaten
38. Rispentomaten

Folienbeete

52. Stielmangold
53. Buschbohnen
22. Zucchini
60. Kartoffeln > **Gelbe Beten**
61. Rote Beten, Buschbohnen, Blumenkohl > **Möhren**

Mistbeet 1

62. Möhren, Zwiebeln, Speiserüben > **Winterkürbisse**

Mistbeet 2

54. Blumenkohl
55. Gurken

Rahmenbeete

46. Sellerie
29. Dicke Bohnen, Chinakohl > **Porree**
42. Spazierstock-Kohl
65. Frühkartoffeln > **Grünkohl**
66. Erbsen > **Chinakohl**
43. Rote Beten
44. Fenchel
63. Zwiebeln > **Winterkohl**
56. Kohlrabi
40. Steckrüben
25. Pastinaken
57. Kletterbohnen
64. Kohlrabi > **Fenchel**
26. Blattmangold
27. Radieschen
67. Schalotten, Erbsen > **Violetter Sprossenbrokkoli**
58. Zucchini

Salatbeet

47. Blattsalate

Kräuter und essbare Blüten

51. Essbare Blüten
18. Mehrjährige Kräuter
45. Erbsen
50. Koriander
49. Petersilie
48. Dill

Rabatten

57. Kletterbohnen
19. Topinambur
20. Beeren
21. Reservebeet
32. Kartoffeltöpfe

Komposter

59. Winterkürbisse

IM FOLIENTUNNEL

Beete

Tomaten

Zwicken Sie weiter Seitentriebe bei Rispentomaten ab. Entfernen Sie die Blätter unter der ersten Rispe, um eine gute Luftzirkulation zu bekommen. Ende des Monats können Sie die ersten reifen Tomaten mit frischem Basilikum, der darunter wächst, genießen. **Geben** Sie den Pflanzen alle zwei Wochen einen selbstgemachten flüssigen Dünger (siehe S. 210) oder flüssigen Seetangdünger. Mulchen Sie mit Grasschnitt, um die Verdunstung von Bodenfeuchtigkeit zu verringern. Eine gleichmäßige Bodenfeuchte verringert das Risiko für Fruchtplatzer.

Gurken

Gurken, die an einer Stütze hochwachsen, müssen **angebunden** werden (Bild links). Ich erledige in diesem Monat kaum Schnittarbeiten, ernte aber beständig Gurken. Wer eine Sorte kultiviert, die auch männliche Blüten ansetzt (im Gegensatz zu rein weiblichen Hybriden), sollte seine Pflanzen zweimal die Woche prüfen und die Blüten abzwicken, damit sich keine harten Kerne in den Früchten entwickeln.

Chilis und Auberginen

Wässern und düngen Sie regelmäßig. Die Pflanzen beginnen jetzt zu blühen und kleine Früchte anzusetzen.

AUF DEN SETZLINGSREGALEN

Violetter Sprossenbrokkoli

Topfen Sie im Juni ausgesäte, für den Folientunnel

Gemüse	Aussaat-woche	Modul-größe	Samen/ Modul	Aussaat-tiefe	Zahl der Module	Ausdün-nen auf
Pak Choi	1	4 cm	2	1 cm	40	1

gedachte Exemplare Ende des Monats in 7-cm-Töpfe. Pak Choi wird jetzt angesät.

FOLIENBEETE

Kartoffeln und Gelbe Beten
Ernten Sie an einem trockenen Tag alle Kartoffeln auf einmal. Sie werden (ungesäubert) auf einem Tuch ausgebreitet und alle paar Stunden gedreht. Am frühen Abend verfrachtet man sie in Leinensäcke (man bekommt sie manchmal bei Cafés oder Röstereien) und lagert sie an einem kühlen, dunklen, luftigen Ort. Am nächsten Tag wird das Beet gut durchgeharkt, gewässert und mit einer 1–2 cm dicken Schicht Kompost bedeckt, falls er gerade verfügbar ist. Ziehen Sie nun 2 cm tiefe Rillen in 30 cm Abstand und **säen** Sie Gelbe Beten hinein. Ist es kühl, schließt man die Folienabdeckung. Die Beten wachsen bis in den Herbst hinein und lassen sich den ganzen Winter ernten. Aber vergessen Sie nicht, die Folienbeete zu wässern.

Möhren
Ernten Sie Buschbohnen, Rote Beten und Blumenkohl im dritten Folienbeet und **säen** Sie anschließend Möhren direkt aus (Bild unten). Das Beet wird genauso wie bei Roten Beten (siehe oben) vorbereitet. Mit der Brettmethode (siehe S. 31) erhöhen Sie die Keimrate.

MISTBEETE

Beet 1
Frühlingszwiebeln und Möhren werden weiter **geerntet**. Man kann jetzt das gesamte Möhrenbeet leerräumen oder nur diejenigen in den oberen beiden Ecken bei den Kletterbohnen aus der Erde holen. An ihre Stelle **pflanzen** Sie in jede Ecke einen der beiden Winterkürbisse, die Sie im Juni gesät haben.

Beet 2
Blumenkohl und die wüchsigen Gurken müssen immer gut gewässert werden. Die Gurkentriebe kann man an Stäbe oder ein zwischen zwei Pfosten gespanntes Netz binden. Lassen Sie die Gurkenpflanzen über die Ränder hinweg nach draußen wachsen.

RAHMENBEETE

Zwiebeln und Winterkohl
Ernten Sie die Zwiebeln, wenn sie eine ordentliche Größe haben und die Blätter noch grün sind

(siehe Bild rechts). Nach dem Ernten schneidet man den oberirdischen Wuchs auf 7 cm zurück. Bei trockener Witterung werden die Zwiebeln einen Tag lang auf dem Beet liegen gelassen und anschließend auf den Regalen im Minigewächshaus ausgebreitet oder zwischen Holzbrettern umgedreht aufgehängt, um vollständig zu trocknen. Aus den Blättern kann man Pesto zubereiten, das man einfriert. Oder Sie hacken sie klein und frieren sie 1–2 Stunden lang auf einem Tablett ein, bevor Sie sie in Beutel oder Schachteln füllen und im Gefrierschrank verstauen. Im Herbst und Winter können sie für Suppen und Eintöpfe verwendet werden.

Sind die Zwiebeln aus der Erde, **pflanzt** man auf den frei gewordenen Platz mit 40 cm Abstand den im Juni ausgesäten Winterkohl.

Speiserüben und Pak Choi
Ernten Sie alle verbliebenen Speiserüben und **setzen** Sie am Monatsende den Anfang Juli ausgesäten Pak Choi ins Beet. Zwischen den Setzlingen bleiben 25 cm Abstand, damit sie Platz zum Wachsen haben. Zwischen den – versetzt angelegten – Reihen lässt man 20 cm Luft. In den nächsten Wochen muss der Pak Choi gut gewässert werden. Sie können auch ein paar Setzlinge zwischen den Winterkohl **setzen** und ernten, sobald der Kohl sie in Bedrängnis bringt.

Frühkartoffeln und Grünkohl
Ernten Sie die restlichen Frühkartoffeln (Bild unten) und füllen Sie den Platz mit dem im Juni ausgesäten Grünkohl. Die Setzlinge kommen mit 35–40 cm Abstand in diagonale Reihen. Die Erde um sie herum drückt man gut an. So bleiben sie auch bei Herbst- und Winterstürmen aufrecht.

Dicke Bohnen und Porree
Ernten Sie die letzten Dicken Bohnen und werfen Sie die abgeernteten Pflanzen auf den Komposter. Nun wird es auch Zeit, den im April ausgesäten Porree aus den Hochbeeten zu verfrachten. Mit einer Grabegabel hebelt man die Pflänzchen

vorsichtig aus der Erde und legt sie in einen Eimer Wasser. Das verhindert, dass sie austrocknen, und macht es später leichter, die verfilzten Wurzeln zu lockern. Mit einem Pflanzholz stechen Sie 15–20 cm tiefe Löcher in 15 cm Abstand in die Erde. Dann **stecken** Sie je einen Porreesetzling in jedes Loch und wässern gut, schieben die Erde aber nicht ins Loch zurück, denn wenn die Stangen beim Wachsen weniger Widerstand haben, werden sie dicker. Dort, wo die Porreesetzlinge standen, können Sie die beiden restlichen Exemplare des Spazierstock-Kohls **pflanzen**. Am Beetrand säen Sie Frühlingszwiebeln dicht an. Saattiefe: 2 cm.

Erbsen und Chinakohl
Die letzten Erbsen werden nun **geerntet**, auch jene, die mit Roten Beten und Fenchel im Beet standen. An ihre Stelle **kommt** eine Reihe Chinakohl mit 35–40 cm Abstand – Lücken füllt man mit verbliebenen Setzlingen. Die abgeernteten Erbsen hinter den mehrjährigen Kräutern werden ausgerissen und durch überschüssigen Grünkohl **ersetzt**, den man mit 40 cm Abstand pflanzt.

Schalotten, Erbsen und violetter Sprossenbrokkoli
Ernten Sie die Schalotten und Erbsen neben den Kletterbohnen. An ihre Stelle **kommt** die erste Portion Sprossenbrokkoli in zwei versetzten Reihen mit 50 cm Abstand.

Kohlrabi und Fenchel
Ernten Sie Kohlrabi und ersetzen Sie ihn durch den im letzten Monat angesäten Fenchel, den Sie in versetzten Reihen mit 20 cm Abstand in alle Richtungen **pflanzen**.

Zucchini
Im Juli beginnen Sie mit dem Abernten der Zucchini unter den Kletterbohnen. **Ernten** Sie die Früchte klein und oft, da sie jung und zart am besten schmecken.

SALATBEET

Die Salate werden weiter **geerntet**, sobald sie reif sind. Wirken manche Pflanzen erschöpft oder schossen sie, **entfernt** man sie und **sät** frisch an, damit eine ständige Versorgung garantiert ist. Salat muss regelmäßig, bei trockenem Wetter also alle paar Tage, gewässert werden, damit die Blätter frisch und knackig bleiben.

KRÄUTER

Der Juli ist die Zeit, sich zurückzulehnen und die vielen frischen Kräuter mitsamt ihren Blüten (Bild links) zu genießen. **Ernten** Sie sie regelmäßig – auch diejenigen, die verblüht sind und Samen ansetzen, etwa Dill und Koriander. Die frischen Blüten und Samen können in der Küche verwendet werden, die Samen lassen sich auch **trocknen**. Wer weiterhin frische Blätter ernten möchte, entfernt die Hälfte der Pflanzen und **sät** sie neu an.

ESSBARE BLÜTEN

Zwicken Sie welke Ringelblumenblüten (Bild links) regelmäßig ab, um die Pflanzen zu neuerlicher Blüte anzuregen und weiter Farbtupfer im Beet zu haben.

RABATTEN

Beeren
Die meisten Beeren dürften jetzt reif oder bereits geerntet sein. Überschüsse kann man **einmachen** (siehe S. 182). Noch aber steht die Ernte von Brombeeren und Herbst-Himbeeren an. Sie brauchen kaum Nährstoffe und müssen daher nicht gedüngt werden.

Kartoffeltöpfe
Sie müssen bei Trockenheit gut gewässert werden.

KOMPOSTER

Befüllen Sie den zweiten Komposter weiter. Im Juli sollte der erste mit den beiden im Juni gepflanzten Kürbissen bewachsen sein. **Impfen** Sie ihn mit mikrobiellen Präparaten (siehe S. 208-211), um die Zersetzung zu beschleunigen und den Nährstoffgehalt zu erhöhen.

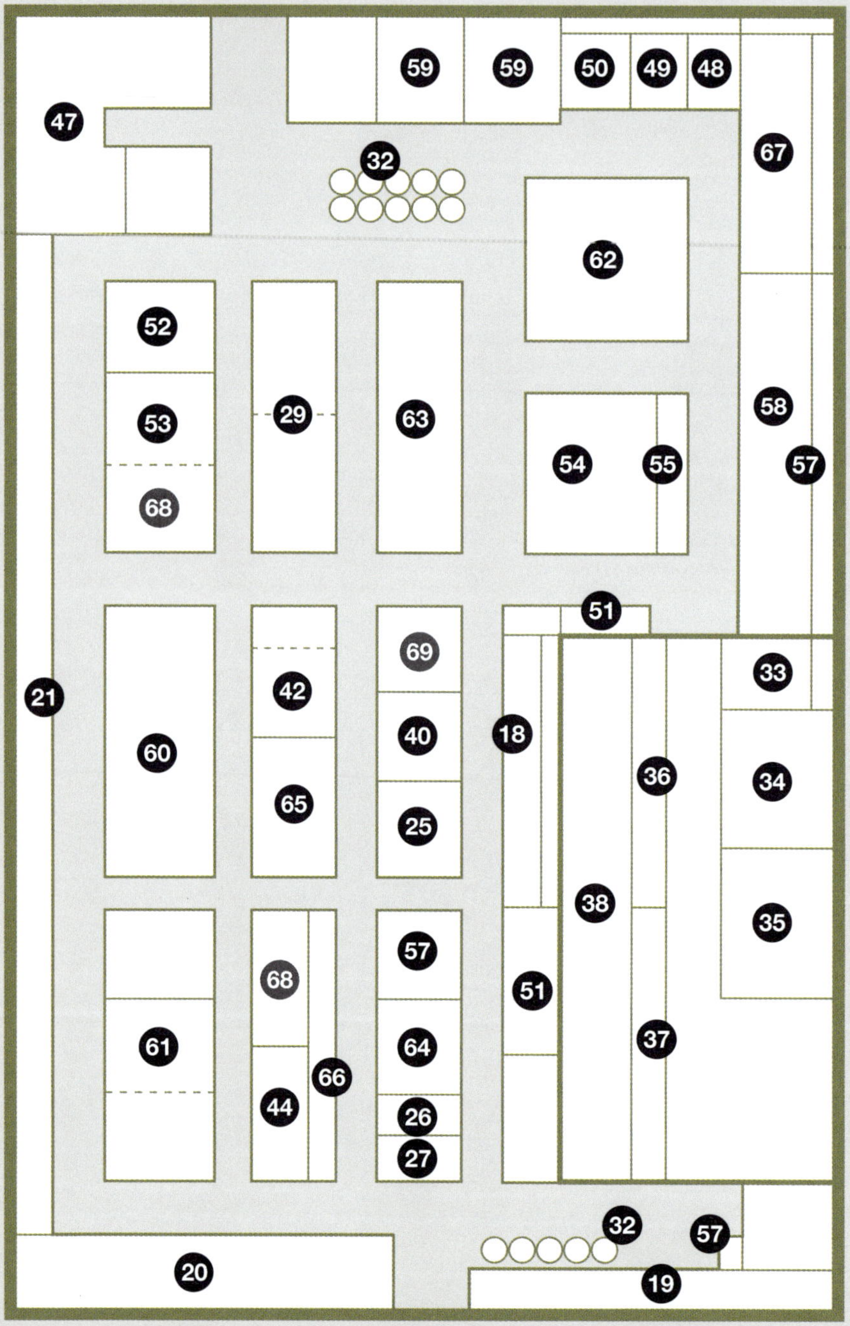
59
59
50
49
48
47
32
67
62
52
29
63
58
53
54
55
57
68
51
69
21
42
18
33
40
60
36
34
65
25
38
35
57
68
51
61
64
37
66
44
26
27
32
57
20
19

August

Der August ist im Selbstversorgergarten ein wahrer Genuss. Die meiste Zeit braucht man nichts weiter zu tun, als Jungpflanzen zu wässern, Köstlichkeiten zu ernten und das Gemüse im Folientunnel in Schuss zu halten. Inzwischen kann man jeden Tag Tomaten und Gurken abnehmen, aber auch sonst ist allerlei reif, was sich für die kalten Monate haltbar machen lässt, etwa Zucchini, Kletterbohnen und Fenchel. Im August empfehle ich außerdem, die Kohlpflanzen im Auge zu behalten und Kohlweißlingsraupen zu entfernen, falls man sie entdeckt. Mindestens einmal im Monat sollte man allen Pflanzen außerdem mit Flüssigdünger auf die Sprünge helfen. An Spätsommertagen bringen das leuchtende Orange und Rot der Kapuzinerkresse sowie die Kürbisse exotisches Dschungelflair in den Garten.

Zuordnung

Folientunnel

33. Chilis
34. Auberginen
35. Gurken
36. Basilikum
37. Hängetomaten
38. Rispentomaten

Folienbeete

52. Stielmangold
53. Buschbohnen
68. Zucchini > **Daikon-Rettiche**
60. Gelbe Beten
61. Möhren

Mistbeet 1

62. Winterkürbis

Mistbeet 2

54. Blumenkohl
55. Gurken

Rahmenbeete

29. Lauch
42. Spazierstock-Kohl
65. Grünkohl
66. Chinakohl
68. Rote Beten > **Daikon-Rettiche**
44. Knollenfenchel
63. Winterkohl
69. Kohlrabi > **Pak Choi**
40. Steckrüben
25. Pastinaken
57. Kletterbohnen
64. Knollenfenchel
26. Blattmangold
27. Rettiche
58. Zucchini
67. Violetter Sprossenbrokkoli

Salatbeet

47. Blattsalate

Kräuter und essbare Blüten

51. Essbare Blüten
18. Mehrjährige Kräuter
50. Koriander
49. Petersilie
48. Dill

Rabatten

57. Kletterbohnen
19. Topinambur
20. Beeren
21. Reservebeet
32. Kartoffeltöpfe

Komposter

59. Winterkürbis

IM FOLIENTUNNEL

Beete

Tomaten

Ernten Sie weiterhin reife Tomaten, am besten frühmorgens, damit die Früchte länger frisch bleiben. Sie brauchen außerdem alle zwei Wochen einen Flüssigdünger. Rispentomaten (siehe Bild unten und rechts) bilden weiter Seitentriebe, die Sie regelmäßig **abzwicken**. Beim Ernten **entferne** ich auch die Blätter unterhalb der Rispen, wenn ich mich vom Ansatz nach oben vorarbeite. Dann bekommen die Pflanzen gut Luft und Licht zum Reifen.

Auberginen, Chilis, Gurken

Ernten Sie Auberginen – jetzt ist die beste Zeit dafür. Sie werden wie Tomaten gedüngt. Auch erste reife Chilis **zupft** man nun von der Pflanze. Ab der vierten Augustwoche brauchen Chilistauden fast nicht mehr gewässert zu werden, denn das Gros der Schoten ernten Sie sowieso im nächsten Monat. Wenn Sie Gurken ernten, **schneiden** Sie zugleich die ältesten Blätter ab, um zu verhindern, dass sie sich Krankheiten ein-

fangen. Seitentriebe werden **entfernt**, falls für sie kein Platz mehr an der Kletterhilfe ist. Auch große Blätter, die verhindern, dass Sonne an die Gurken gelangt, werden weggeschnitten. Die Pflanzen brauchen jetzt reichlich Wasser.

Basilikum
Die Erde, in der das Basilikum wächst, darf ab jetzt nicht mehr austrocknen. **Wässern** Sie die Pflanzen daher stets gut und zwicken Sie auch alle Blüten ab, damit sie mehr Blätter ansetzen.

AUF DEN SETZLINGSREGALEN

Violetter Sprossenbrokkoli
Bevor der Brokkoli die Nachfolge der Gurken im Folientunnel antritt, **siedelt** man die Junisetzlinge ein zweites Mal in größere Töpfe um,

Gemüse	Aussaatwoche	Modulgröße	Samen/ Modul	Aussaattiefe	Zahl der Module	Ausdünnen auf
Winterrettich	2	4 cm	4–5	2 cm	40	–
Frühjahrskohl	2	4 cm	2	2 cm	20	1
Stielmangold	3	4 cm	3–4	2 cm	20	3
Chinakohl	3	4 cm	2	2 cm	20	1

diesmal in 10- oder 12-cm-Töpfe. Füllen Sie die Gefäße mit Gartenerde und stellen Sie sie in das Frühbeet, aber lassen Sie den Deckel offen.

FOLIENBEETE

Halten Sie die Abdeckung stets offen (Bild links) und **wässern** Sie die Beete gut. Die Buschbohnen werden nun **geerntet**, die beiden Zucchinipflanzen zur Monatsmitte **ausgerupft**. Den frei gewordenen Platz nutzt man, um vier Reihen Daikon-Rettiche 2 cm tief und mit jeweils 2 cm Abstand auszusäen. Reihenabstand: 15 cm. Sobald die Sämlinge auflaufen, **wässert** man gut und dünnt auf eine Pflanze alle 5–6 cm aus.

MISTBEETE

Jetzt im August gibt es nichts weiter zu tun, als zu ernten, was reif ist.

RAHMENBEETE

Ernten Sie nach Bedarf und am besten immer das, was am größten ist. Sie werden auch feststellen, dass jetzt Wintergemüse wie Steckrüben, Porree und Winterkürbisse kräftig zulegen. Die großen Pflanzen in den Beeten machen zwar den Unkräutern das Leben schwer, trotzdem sollte man wöchentlich **jäten**.

Rote Beten und Daikon
Ernten Sie die restlichen Roten Beten und säen Sie an ihrer Stelle 5–6 Daikon-Rettich-Reihen genauso tief und mit den gleichen Abständen wie im Folienbeet (siehe Bild links) an.

Das liefert Material für die Winterküche.

Sellerie
Ernten Sie den restlichen Ende Mai umgepflanzten Sellerie und setzen Sie an seine Stelle Ersatzsetzlinge.

SALATBEET

Jetzt im August ist die richtige Zeit, um das Beet aufzufrischen. **Entfernen** Sie Unproduktives und mulchen Sie 1–2 cm dick mit Kompost. Dann **säen** Sie Gartensalate für den Winter, Rucola, Asia-Salate und Chinakohl, bevor die Wintersalate im Folientunnel so weit sind.

KRÄUTER

Ernten Sie mehrjährige Kräuter (unten und rechts) und **säen** Sie schnell noch Dill und Koriander aus – jetzt ist die letzte Gelegenheit.

ESSBARE BLÜTEN

Welkes wird abgezwickt, nur Kapuzinerkresse darf Samen ansetzen, die man als Kapernersatz in Essig legt.

RABATTEN

Kletterbohnen
Sie werden regelmäßig **geerntet** und gewässert.

Beeren
Die Brombeeren sollten mit Netzen geschützt werden, bevor sie reif werden, sonst machen sich Vögel über sie her. Wer keine anbaut, kann Wildbrombeeren sammeln und für den Winter einfrieren.

KOMPOSTER

Es gibt nichts zu tun.

Selbst-
versorgung
aus dem
Garten

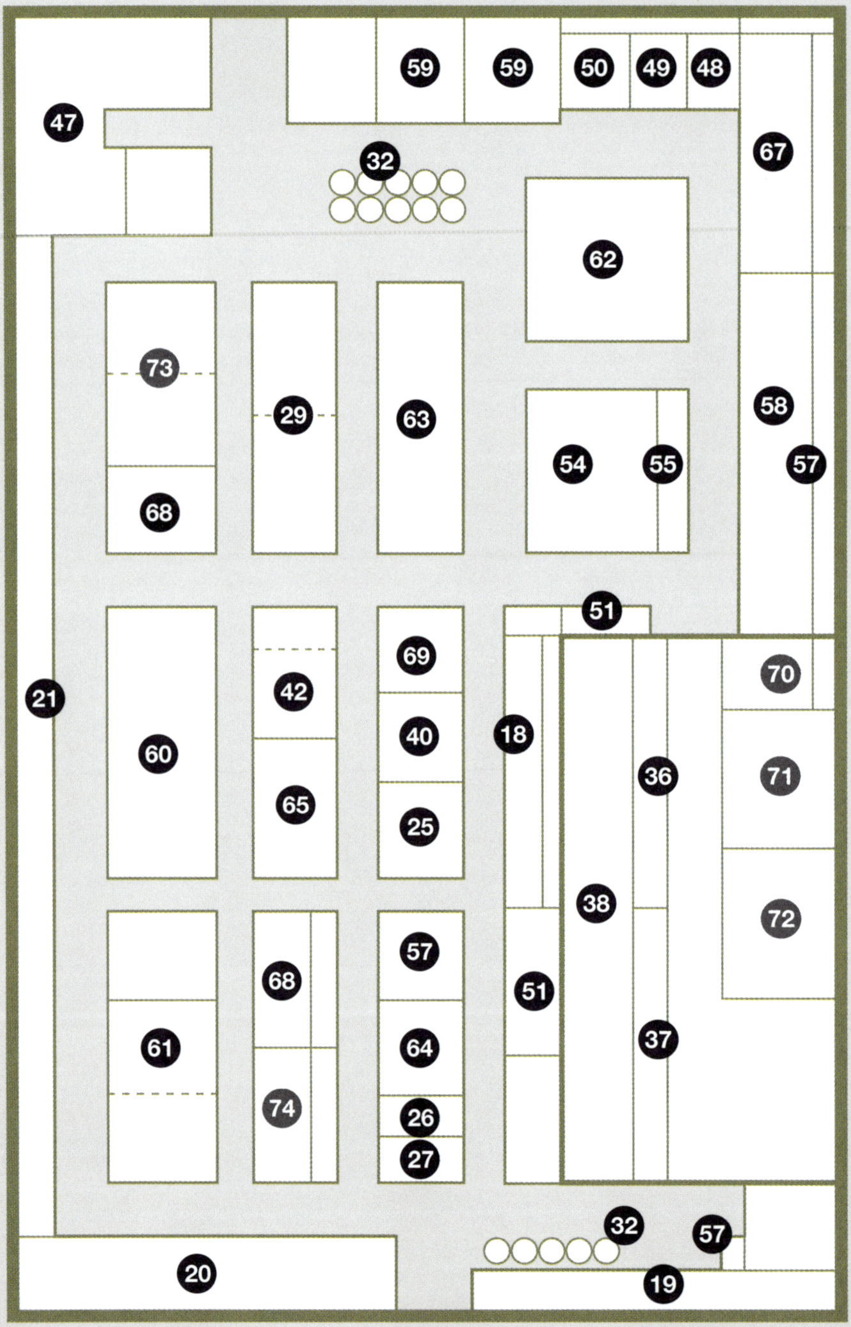

September

Schon wird es wieder kühler. Bevor der Herbst beginnt, kehrt eine gewisse Ruhe ein. Im Garten aber gibt es noch viel zu holen. Die Chilis sind erntereif, die Tomaten liefern weiter Früchte und die ersten Winterkürbisse machen uns ihre Aufwartung. Nun können die letzten Erträge des Jahres geplant werden. Besonderes Augenmerk sollte im September auf der Gesundheit der Pflanzen und des Bodens liegen. Ich empfehle, JMS (siehe S. 210) einzusetzen, falls möglich, und den Beeten mindestens einmal mit Flüssigdünger auf die Sprünge zu helfen. Beides kann man in ein und demselben Durchgang ausbringen, indem man JMS mit einer Flüssigdüngerlösung statt mit reinem Wasser verdünnt. Manche ältere Pflanzen wie Kohl und Kletterbohnen bekommen allmählich gelbe Stellen, die am besten abgeschnitten werden.

Zuordnung

Folientunnel

70. Chilis > **Stielmangold**
71. Auberginen > **Chinakohl**
72. Gurken > **Violetter Sprossenbrokkoli**
36. Basilikum
37. Hängetomaten
38. Rispentomaten

Folienbeete

73. Stielmangold, Buschbohnen > **Frühjahrskohl**
68. Daikon-Rettiche
60. Gelbe Beten
61. Möhren

Mistbeet 1

62. Winterkürbis

Mistbeet 2

54. Blumenkohl
55. Gurken

Rahmenbeete

29. Porree
42. Spazierstock-Kohl
65. Grünkohl
68. Daikon-Rettiohe
74. Chinakohl, Knollenfenchel > **Winterrettiche**
63. Winterkohl
69. Pak Choi
40. Steckrüben
25. Pastinaken
57. Kletterbohnen
64. Knollenfenchel
26. Blattmangold
27. Rettiche
58. Zucchini
67. Violetter Sprossenbrokkoli

Salatbeet

47. Blattsalate

Kräuter und essbare Blüten

51. Essbare Blüten
18. Mehrjährige Kräuter
50. Koriander
49. Petersilie
48. Dill

Rabatten

57. Kletterbohnen
19. Topinambur
20. Beeren
21. Reservebeet
32. Kartoffeltöpfe

Komposter

59. Winterkürbisse

IM FOLIENTUNNEL

Beete

Im Folientunnel tut sich im September mit am meisten. **Ernten** Sie reife Chilis (Bild rechts), um sie zu trocknen oder einzufrieren. Auch die letzten Auberginen (unten) und Gurken sind nun an der Reihe. Manche isst man frisch, andere macht man haltbar, um sie in den nächsten Monaten genießen zu können. **Pflanzen** Sie Stielmangold und Chinakohl aus den Setzlingsregalen und Sprossenbrokkoli aus dem Frühbeet hierher um. Zwischen jedem Mangoldpflänzchen bleiben 15 cm Abstand, damit sie im Winter kleine Blätter liefern. Chinakohl braucht 35–40 cm und Brokkoli 40–45 cm Abstand. Bleiben Chinakohl- und Mangoldsetzlinge über, **setzt** man sie unter die Tomaten.

Tomaten

Ernten Sie weiter Früchte und **zwicken** Sie Seitentriebe ab. Buschtomaten setzen im September meist keine neuen Früchte mehr an, sodass man sie auf den

Komposter werfen kann. Weil es draußen kühler wird, muss im Folientunnel nicht mehr so viel gewässert werden. Deshalb haben Sie nun mehr Zeit, sich um die verbliebenen Tomaten zu kümmern.

AUF DEN SETZLINGSREGALEN

Der September ist die ideale Zeit, um Wintersalate **auszusäen**. Sie kommen im nächsten Monat in den Folientunnel und ersetzen dort die Tomaten. Die Aussaatliste unten enthält meinen regulären Mix. Damit werden Sie den Winter über bis in den März und April hinein, wenn die Salate allmählich schossen, mit frischen Blättern versorgt. Im Frühjahr liefern dann schon wieder die Mistbeete erste Salate, sodass sie praktisch das ganze Jahr ernten können. Sie brauchen ein breites Sortiment verschiedener Salate, weil sie im Winter, vor allem im Dezember und Januar, unglaublich langsam wachsen. Mit dieser Auswahl können Sie von jedem ein bisschen abzupfen, ohne zu viel zu **ernten**, denn das würde dazu führen, dass sie das Wachstum einstellen.

Gemüse	Aussaat-woche	Modul-größe	Samen/ Modul	Aussaat-tiefe	Zahl der Module	Ausdün-nen auf
Winterportulak	2	4 cm	3–4	1 cm	20	–
Koriander (für Wintersalate)	2	4 cm	5–6	2 cm	20	4
Mizuna	2	4 cm	2	1 cm	20	1
Sommerportulak	2	4 cm	3–4	1 cm	20	–
Rettiche	2	4 cm	3–4	2 cm	20	–
Rucola	2	4 cm	3–4	1 cm	20	–
Winterkopfsalat	2	4 cm	3	1 cm	20	1
Erbsen (Sprossen)	3	4 cm	3	2 cm	40	–

FOLIENBEETE

Ernten Sie die restlichen Buschbohnen ab, um sie anschließend auszureißen und zu kompostieren. An ihre Stelle **kommen** die im letzten Monat gesäten Frühjahrskohlsetzlinge in versetzten Reihen mit 30 cm Pflanzen- und Reihenabstand. Sie ergänzen den Spazierstock-Kohl in den Rahmenbeeten. Beide liefern während der ertragsarmen Zeit Frisches (siehe S. 148). Die Folienbeete werden in kühlen Nächten geschlossen.

MISTBEETE

Beet 1

Zwicken Sie alle Blätter ab, die die Kürbisse beschatten, und wässern Sie alle Pflanzen gut.

Beet 2

Reißen Sie die Gurkenpflanzen aus, wenn sie nicht mehr tragen. Blumenkohl wird geerntet, sobald er die passende Größe hat. Die entstandenen Lücken lassen sich nun nicht mehr füllen. Die organische Substanz

darf sich bis November zersetzen, dann leert man die Beete und nutzt den Inhalt als Mulchmaterial.

RAHMENBEETE

Pak Choi, Blattmangold und Kletterbohnen werden weiter **geerntet**. Anschließend **holt** man den restlichen Knollenfenchel aus der Erde (Bild rechts). Er lässt sich hervorragend haltbar machen,

entweder durch Fermentieren oder saures Einlegen, sodass man ihn im Winter essen kann.

An seine Stelle werden die Setzlinge des im August ausgesäten Winterrettichs **gepflanzt**. Lassen Sie zwischen den Setzlingen 25 cm Abstand und zwischen den versetzten Reihen 20 cm. Durch diesen großzügigen Abstand bekommen sie viel Licht, sodass sich im Spätherbst und Frühwinter große Rettichwurzeln entwickeln.

SALATBEET

Ernten Sie die Blätter bei Bedarf. Pflanzen, von denen nichts mehr zu erwarten ist, wandern auf den Komposter. Säen Sie nun keine weiteren Salate mehr ins Freiland, denn ihre Wachstumssaison nähert sich dem Ende.

KRÄUTER

Koriander und Dill
Lassen Sie alles, was blüht (linkes Bild, Dill) noch diesen Monat im Beet. So können die Kräuter Samen ansetzen und sie auf den Boden fallen lassen, was Ihnen im nächsten Jahr einen kleinen Wald aus Dill und Koriander beschert, ohne dass Sie dafür etwas zu tun brauchen. Sie müssen alles nur irgend-

wann etwas ausdünnen und die Überschüsse an einen anderen Platz setzen. Die alten Pflanzen können Sie im Spätherbst ausreißen.

Borretsch, Ringelblumen, Kapuzinerkresse
Lassen Sie Samenstände an den Pflanzen, damit sie sich **aussäen** können. Wenn im nächsten Frühjahr Sämlinge erscheinen, pflanzt man sie um oder setzt sie in Töpfe, um sie auf Tauschbörsen loszuwerden oder vielleicht sogar ein bisschen Geld damit zu verdienen.

RABATTEN

Erdbeeren
Die anderen Beeren brauchen diesen Monat keine Zuwendung mehr, aber bei Erdbeeren ist der September die ideale Zeit, um die Pflänzchen, die am Ende der Ausläufer wachsen, **einzutopfen**. Lassen Sie sie zunächst noch mindestens vier Wochen mit der Mutterpflanze verbunden. Dann werden sie abgetrennt und können allein weiterwachsen. Die Pflänzchen kann man selbst verwenden oder auf Tauschbörsen loswerden.

Himbeeren
Herbsthimbeeren werden geerntet, sobald sie reif sind (Bild links). Was nicht so aussieht, als ob es schmecken würde, wandert auf den Komposter.

Kartoffeltöpfe
Beginnen Sie im September mit der Kartoffelernte, vor allem, wenn Sie Anzeichen von Mäusefraß sehen (wie ich in einem meiner Töpfe). **Kippen** Sie den Topfinhalt einfach in einen Schubkarren (Bild rechts) und holen Sie die Knollen heraus. Anschließend müssen die Kartoffeln im Folientunnel einen Tag lang **trocknen** (wenden Sie sie mehrmals). Zum Schluss kommen sie in Leinensäcke und werden an einem kühlen, trockenen, dunklen Ort eingelagert.

KOMPOSTER

Im Oktober haben Sie mit den Kompostern viel zu tun, aber diesen Monat reicht es, Küchen- und Gartenabfälle oder Material, das Sie irgendwo aufgetrieben haben, in den dritten Behälter (den ohne die Kürbispflanzen) zu **werfen**.

Selbst-
versorgung
aus dem
Garten

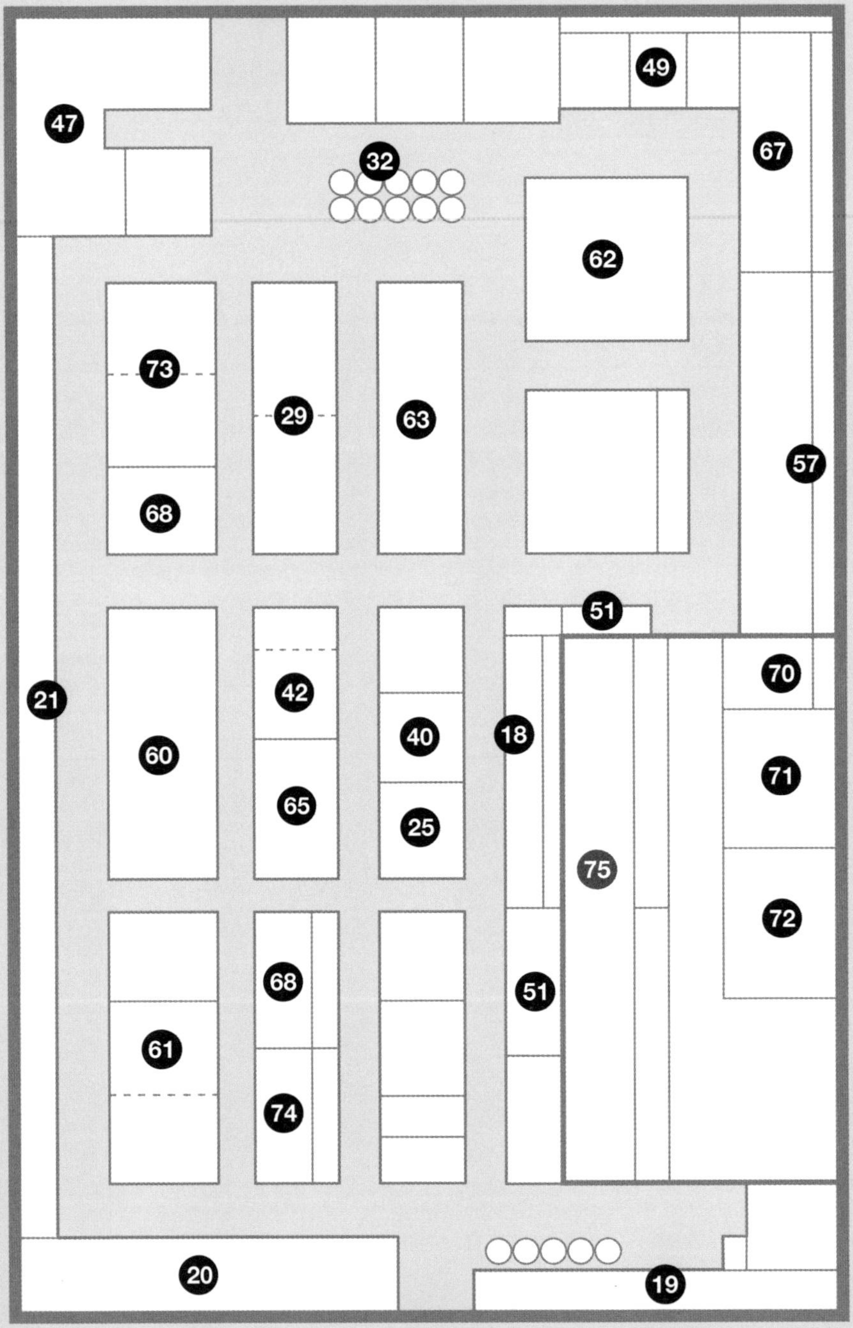

Oktober

Nach dem noch milden September bringt der Oktober wesentlich kühlere Nächte. Das Frostrisiko steigt, was oft das Ende der Anbausaison bedeutet. Bleiben Sie auf der Hut und achten Sie auf den Wetterbericht. Folienbeete und die Türen von Folientunneln müssen nun nachts geschlossen bleiben, um empfindliches Gemüse zu schützen. Tomaten und Kletterbohnen sollten noch bis Ende des Monats liefern, doch auch Winterkürbisse und Blattgemüse werfen weiter etwas ab. Im Garten gibt es inzwischen weniger zu tun, weshalb man als Selbstversorger langfristig zu denken beginnt und mehrere Mahlzeiten vorkocht, einmacht und einfriert, um im Winter viel zu haben, auf das man zurückgreifen kann. Zu guter Letzt ist der Oktober auch ein Kompostiermonat, wie Sie am Ende des Kapitels erfahren.

Zuordnung

Folientunnel

70. Stielmangold
71. Chinakohl
72. Violetter Sprossenbrokkoli
75. Basilikum, Hängetomaten, Rispentomaten > **Wintersalate**

Folienbeete

73. Frühjahrskohl
68. Daikon-Rettiche
60. Gelbe Beten
61. Möhren

Mistbeet 1

62. Winterkürbisse

Rahmenbeete

29. Porree
42. Spazierstock-Kohl
65. Grünkohl
68. Daikon-Rettiche
74. Winter-Rettiche
63. Winterkohl
40. Steckrüben
25. Pastinaken
67. Violetter Sprossenbrokkoli

Salatbeet

47. Blattsalate

Kräuter und essbare Blüten

51. Essbare Blüten
18. Mehrjährige Kräuter
49. Petersilie

Rabatten

19. Topinambur
20. Beeren
21. Reservebeet
32. Kartoffeltöpfe
57. Kletterbohnen

IM FOLIENTUNNEL

Beete
Tomaten und Salate
Ernten Sie weiterhin Tomaten bis zum Monatsende, auch noch grüne Früchte (Bild rechts). Sie können drinnen nachreifen oder zu Chutney verarbeitet werden. Mitte Oktober wird der im letzten Monat angesäte Salat ausgepflanzt (oben). Ich setze ein paar unter die Tomatenpflanzen und gebe in jedes Pflanzloch eine Handvoll Kompost. Ende des Monats schneide ich die Tomatenpflanzen ab, lasse die Wurzeln aber im Boden, damit sie sich zersetzen und die Salate düngen. Die übrigen Salatsetzlinge verteilt man nach dem Zufallsprinzip, lässt aber 20–25 cm Platz zwischen ihnen.

AUF DEN SETZLINGSREGALEN

Da die Salatsetzlinge jetzt weg sind, ist das Regal zum ersten Mal seit März wieder leer. Man kann es nun zerlegen und vorübergehend irgendwo einlagern, um den Raum im Winter als geschützte Arbeitsfläche oder Wintergarten zu nutzen.

FOLIENBEETE

Wässern Sie Frühjahrskohl, Rettiche, Möhren und Gelbe Beten. Die Beete werden nun jeden Abend abgedeckt.

MISTBEETE

Ernten Sie im Oktober die letzten Kürbisse aus den Mistbeeten (Bild S. 124 unten) – alles in allem sollten sie inzwischen mehr als 45 kg für die Küche geliefert haben. Was jetzt sonst noch im Mistbeet wächst, wird **ausgerissen**. Die organische Substanz zersetzt sich und lässt sich später als Mulch verwenden (siehe S. 125).

RAHMENBEETE

Die Winterrettiche sollten in der Septemberwärme noch gut gewachsen sein, genauso die Steckrüben und der Porree (Bild rechts). Ich **dünge** die Beete in der ersten Monatshälfte zum letzten Mal mit Flüssigdünger – als Nährstoffspritze für das, was noch halbwegs wächst.

Kletterbohnen
Die meisten frischen Bohnen dürften bis Ende September geerntet worden sein, aber den Rest kann man noch an den Pflanzen lassen, damit sie natürlich trocknen. Legt man die Kerne in luftdicht verschließbare Behälter, sind sie eine gute Zutat für winterliche Suppen, Eintöpfe und Aufläufe. Fällt der Herbst nass aus, erntet man die Bohnen allerdings am besten, enthülst sie (unten), breitet sie zum Trocknen auf einem Gitter aus und stellt

sie zwei Wochen lang auf eine sonnige Fensterbank, bevor man die Bohnen einlagert. Ein paar davon sollten Sie auf die Seite legen, um sie nächstes Jahr auszusäen.

SALATBEET

Nach dem Ernten der letzten Blätter **kappen** Sie Ende des Monats den gesamten oberirdischen Wuchs und **werfen** ihn auf den Kompost. Lassen Sie die Wurzeln im Boden, damit sie dort verrotten. Zusätzlich erhöhen lässt sich die Fruchtbarkeit mit einer Zwischensaat, die die Erde im Winter schützt. Ich empfehle eine **Direktaussaat** Dicker Bohnen (unten rechts) oder Wicken, um Stickstoff im Erdreich zu binden, das nächstes Jahr dem Salat wieder zugute kommt.

KRÄUTER UND BLÜTEN

Rupfen Sie Ende Oktober alle einjährigen Blumen aus, aber sammeln und **lagern** Sie die Samen (unten links). Man breitet sie auf einem Backblech aus, stellt sie drinnen zwei Wochen an ein sonniges Fenster und gibt sie zum Schluss in beschriftete Briefumschläge. Der Rest wird **kompostiert**.

Mehrjährige
Minze, Zitronenmelisse und Oregano ziehen allmählich ein. Lassen Sie die Triebe trocknen, bevor Sie sie 2–3 cm über dem Boden abschneiden, damit das Beet aufgeräumt ist. Die übrigen mehrjährigen Kräuter lässt man stehen.

RABATTEN

Topinambur
Nach der Blüte (rechts) beginnt Topinambur ein-

zuziehen, die Triebe aber bleiben stehen, damit sie trocknen. Die Knollen kann man ab Anfang November ausgraben und verwerten.

Erdbeeren
Trennen Sie am Monatsende die Ausläufer (Bild links) der Pflänzchen, die Sie im September eingetopft haben, von der Mutterpflanze. Die neuen Pflanzen werden direkt an ihren Standort **gesetzt** oder im Topf den Winter über ins Frühbeet **gestellt**, damit Sie sie im nächsten Frühjahr tauschen oder verkaufen können. Wässern nicht vergessen!

Kartoffeltöpfe
Wenn Sie die Kartoffeln noch nicht geerntet haben und Frost droht, **stellen** Sie Ihre Töpfe in den Folientunnel, damit sie noch etwas weiterwachsen. Sie ziehen bald von Natur aus ein. Sie können sie in den Töpfen lassen und nach Bedarf ernten.

KOMPOST

Ihren Komposter füllen Sie nun am besten mit Herbstlaub, das Sie vorher auf dem Rasen **verteilen**, um mit dem Rasenmäher darüberzugehen. Die Mischung aus Gras und Laub ist eine perfekte Kombination aus grünem und braunem Material und kann sofort in den dritten Komposter **wandern**, der bis Ende Oktober voll werden sollte. Wenn auf einem der zwei anderen Haufen Winterkürbisse wuchsen, **erntet** man sie diesen Monat und füllt die beiden bis Dezember ganz auf. Dann **mischt** man das frische Material oben mit älterem darunter.

Nehmen Sie den Inhalt des ersten Komposters in Augenschein. Erkennt man das ursprüngliche Material noch, **wendet** man es gründlich, um die Zersetzung zu beschleunigen. Ist es hingegen bereits gut verrottet, **deckt** man den Haufen mit Karton ab, bis man den Inhalt verwerten kann.

Die Mistbeete (unten) sind ebenfalls fester Bestandteil des Kompostiersystems im Selbstversorgungsgarten. Sie liefern das Gros des Mulchmaterials, das man im Spätherbst oder Winter auf den Hochbeeten verteilt. Um den Inhalt der Beete mit nützlichen Bakterien zu impfen, **nehmen** Sie die Kartonabdeckung, falls vorhanden, ab und **weichen** Sie ihn gut mit verdünntem LAB (siehe S. 208) ein. Decken Sie ihn dann wieder mit Karton ab, damit Regenwasser ihn nicht sättigt, was die Zersetzung verlangsamt.

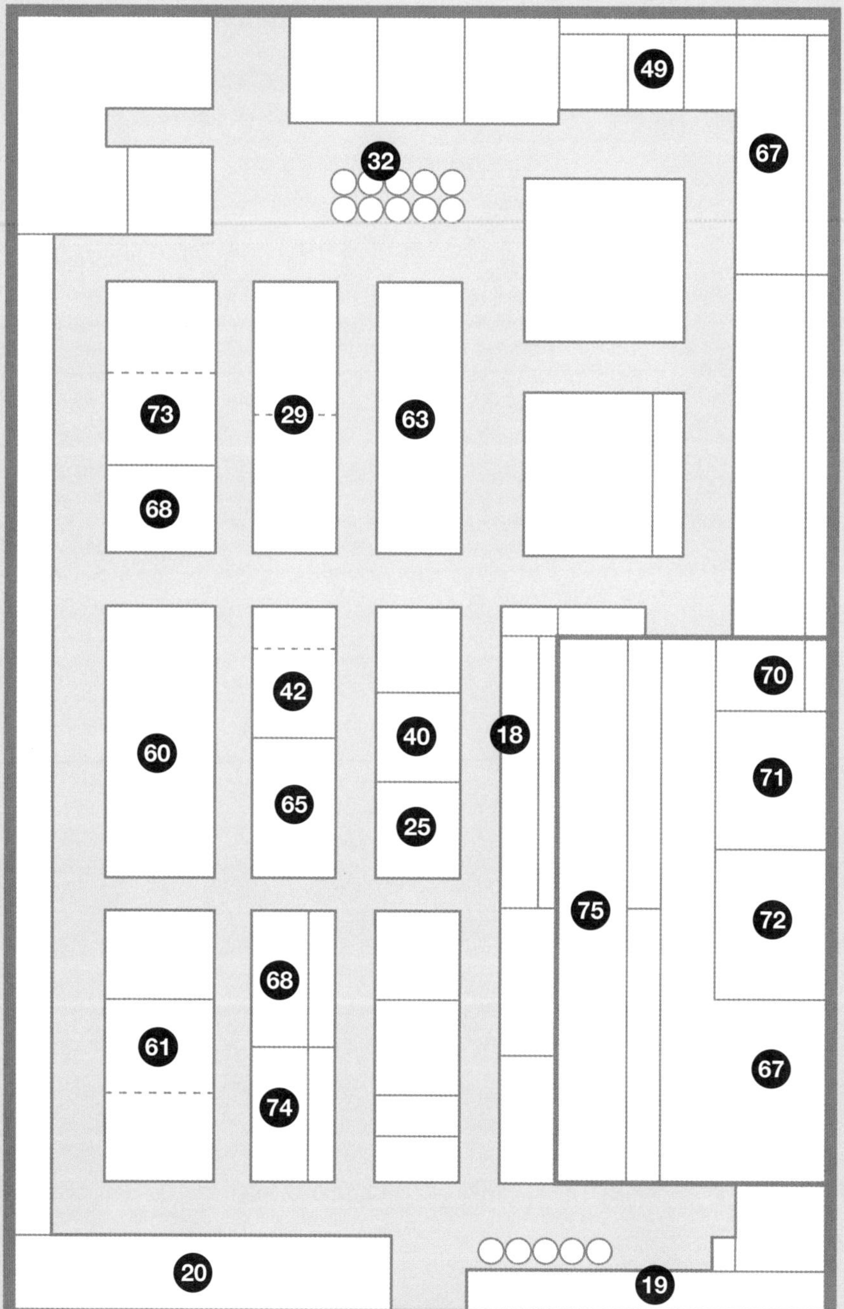
49
67
32
73
29
63
68
60
42
40
18
65
25
70
71
75
72
68
61
67
74
20
19

Winter

Der November ist für Gärtnerinnen und Gärtner fast wie ein Sommerurlaub: Endlich hat man Zeit, es langsamer angehen zu lassen. Die meisten Pflanzen sind nun entweder weggeräumt oder bleiben stehen, um im Winter oder nächsten Frühjahr geerntet zu werden. Im Prinzip könnte man dem Garten nun einen ganzen Monat lang den Rücken kehren – selbst dem Folientunnel, wenn man die Türen einen winzigen Spalt offen lässt. Bis Ende Februar können Sie Ihr Wintergemüse, also Porree, Topinambur, Kohl, Steckrüben und Pastinaken, genießen und sich an deren Geschmacksvielfalt erfreuen. Ich nutze die Zeit, um mich auf die nächste Anbausaison vorzubereiten. Besonderes Augenmerk gilt dabei der Bodenfruchtbarkeit, die ich verbessere, indem ich alle Beete mit Kompost aus dem eigenen Garten mulche. Einen Abend in der Woche genehmige ich mir außerdem Gartenliteratur und sehe mir Videos an, um mich für das nächste Jahr inspirieren zu lassen.

Zuordnung

Folientunnel

70. Stielmangold
71. Chinakohl
72. Violetter Sprossenbrokkoli
75. Wintersalate

Folienbeete

73. Frühjahrskohl
60. Gelbe Beten
61. Möhren
68. Daikon-Rettiche

Hochbeete

29. Porree
42. Spazierstock-Kohl
65. Grünkohl
68. Daikon-Rettiche
74. Winterrettiche
63. Winterkohl
40. Steckrüben
25. Pastinaken
67. Violetter Sprossenbrokkoli

Kräuter und essbare Blüten

18. Mehrjährige Kräuter
49. Petersilie

Rabatten

19. Topinambur
20. Beeren
32. Kartoffeltöpfe

IM FOLIENTUNNEL

Wenn die Tage kürzer werden und die Temperaturen sinken, brauchen Nutzpflanzen wesentlich weniger Wasser. Um Staunässe zu vermeiden, die nur Schimmelbildung fördert und Pflanzen faulen lässt, **wässert** man lieber zu wenig als zu viel. Vergessen Sie aber nicht, auch im Winter immer wieder Luft in den Folientunnel zu lassen. Bei mir sind beide Türen ständig offen, sofern keine Kälteperiode oder strenger Frost vorhergesagt ist.

Ich **wässere** normalerweise alle Pflanzen im Tunnel im November ein- oder zweimal gründlich, von Dezember bis Februar aber nur noch einmal im Monat, außer, die obersten 5 cm sind knochentrocken. Weiter empfehle ich, alle Pflanzen in Augenschein zu nehmen und gegen Schädlinge oder Krankheiten sofort vorzugehen (siehe S. 146).

Ernten Sie Wintersalate nach Bedarf, zupfen Sie aber immer nur ein paar Blätter ab, damit sie weiterwachsen (unten). Frischer Chinakohl kann ab dem Spätherbst, Sprossenbrokkoli ab dem Winterende bis ins Frühjahr hinein geerntet werden. Wenn die Topfkartoffeln im Folientunnel stehen, holt man sie ebenfalls nach Bedarf aus der Erde.

Ab Mitte Februar wird schon wieder Gemüse in Topfplatten **ausgesät**, damit es 4–6 Wochen später ausgepflanzt werden kann. Steckzwiebeln, Erbsen, Rettiche, Speiserüben, Dicke Bohnen, Rote Beten, Blumenkohl und Kopfkohl sind wichtig, um die ertragsarme Zeit zu überbrücken – und alle profitieren von einem Frühstart. Sie fördern die Keimung, indem Sie das Minigewächshaus im Tunnel in Luftpolsterfolie **wickeln**, sofern es keine Abdeckung hat.

FOLIENBEETE

Ab November wässern Sie wie im Folientunnel weniger. Das Gemüse in den Folienbeeten ist zwar winterhart, doch kann man es noch etwas zum Wachsen bringen, indem man es abends **abdeckt**, tagsüber aber **offen** lässt. Daikon-Rettiche, Winterrettiche (rechts), Möhren (unten) und Gelbe Beten werden nach Bedarf **geerntet**, den Frühjahrskohl lässt man weiterwachsen.

MISTBEETE

Mit einer Grabegabel heben Sie das Material heraus, um zu **prüfen**, wie der Zersetzungsprozess voranschreitet. **Füllen** Sie fertigen Kompost in Säcke oder verwenden Sie ihn sofort als Mulch (siehe S. 131). Ist das Material noch nicht ausreichend verrottet, **füllt** man den Inhalt eines Beets auf das Material im zweiten. Die zusätzliche Masse beschleunigt die Zersetzung, sodass bis zum Winterende reifer Kompost zur Verfügung stehen sollte.

Sammeln Sie im Dezember und Januar organische Substanz für das Gemüse der nächsten Saison, etwa indem Sie in Gestüten und Reiterhöfen in Ihrer Nähe nachfragen, ob Sie etwas Pferdemist haben können. Sammeln und lagern Sie Herbstlaub

in Säcken, stechen Sie aber Löcher in den Sackboden oder verwenden Sie Leinensäcke. Laub ist eine ausgezeichnete Kohlenstoffquelle und lässt sich gut mit stickstoffreichem Stallmist ohne viel Stroh oder Seetang mischen. Auf S. 136–137 finden Sie Vorschläge für Aussaaten im Februar.

RAHMENBEETE

Knoblauch

Wer Knoblauch verlässlich ernten möchte, **steckt** die Zehen am besten im Spätherbst oder Frühwinter (oben rechts). Reservieren Sie mindestens ein Drittel eines Rahmenbeets für die Ernte des nächsten Jahres. Die Zehen werden 5 cm tief mit 10 cm Abstand zueinander in versetzten Reihen mit 8 cm Reihenabstand gesteckt.

Ernten Sie Pak Choi, den restlichen Chinakohl (Bild links oben) und einen Teil der Winterrettiche Anfang November. Auch Grün- und Spazierstock-Kohl ist jetzt so weit. Die ersten Steckrüben (Bild links unten) sind vielleicht Ende des Monats erntereif.

Im Winter werden Porree, Grün- und Spazierstock-Kohl sowie Pastinaken (oben links) nach Bedarf **geerntet**.

RABATTEN

Topinambur und Topfkartoffeln, die noch draußen stehen, sind nun erntereif.

DÜNGEN MIT KOMPOST

Die ruhige Zeit Ende des Winters ab Februar ist ideal, um alle Flächen mit eigenem Kompost zu **mulchen** und so auf die nächste Saison vorzubereiten. Kompost reichert Böden mit wertvoller organischer Substanz an, denn er enthält viele Nährstoffe und Kohlenstoff, die für die Bodengesundheit und -fruchtbarkeit wichtig sind. Zudem verbessert er die Wasserspeicherfähigkeit des Erdreichs.

Eigener Kompost

Kompost sollte völlig zersetzt sein, eine krümelige Textur haben und nach Waldboden riechen. **Holen** Sie nicht verrottete größere, holzige oder faserige Stücke wie Kohlstrünke heraus, bevor Sie damit Ihre Anbauflächen **mulchen**. Gesiebt werden muss Kompost nicht – das ist nur bei Aussaaten notwendig.

Rahmen- und Folienbeete mulchen
Versuchen Sie, alle Beete mindestens 2 cm dick zu **mulchen**, auch die Folienbeete und den Folientunnel. Pro Quadratmeter brauchen Sie dafür 25 Liter. Soll die Schicht 3 cm dick sein, brauchen Sie schon 30 Liter. Beim Mulchen trage ich den Kompost mit einem 30-Liter-Eimer vom Komposter zu den Beeten.

Eine freigeräumte Fläche zu mulchen ist keine große Sache, aber in manchen Beeten wächst noch Gemüse, etwa Spazierstock-Kohl oder Grünkohl. Ich empfehle, als Erstes **auszurechnen**, wie viel Kompost Sie für dieses Beet brauchen, und ihn dann gleichmäßig auf der Oberfläche und um die Pflanzen herum zu **verteilen**. Bei Wintergemüse, das dicht beisammensteht, etwa Porree, geht das nicht. Deshalb wartet man bis zur Ernte und mulcht gleich anschließend.

Wer zu viel Kompost hat, kann eine 5 cm dicke Mulchschicht ausbringen. Falls Sie zu wenig Kompost haben, genügt auch 1 cm. Als Faustregel kann man sich merken, dass für eine 1 cm hohe Mulchschicht pro Quadratmeter 10 Liter Kompost benötigt werden. Diese Formel ist besonders dann nützlich, wenn man ausrechnet, wie viel Kompost man zukaufen muss, obwohl Sie natürlich versuchen sollten, diese Menge so gering wie möglich zu halten. Ein normales Hochbeet mit den Maßen 3 x 1,2 m braucht jährlich etwa vier 30-Liter-Eimer Kompost.

Mehrjährige mulchen
Kompost ist eine kostbare Ressource und bleibt am besten Beeten mit einjährigem Gemüse vorbehalten. Mehrjähriges Gemüse, Kräuter und Beeren lassen sich auch mit Seetang, Laub, Hackschnitzeln und reifem Stallmist mulchen. Diese vier Materialien zersetzen sich nach dem Ausbringen weiter und sollten daher mindestens 5 cm dick aufgetragen werden. **Verstreuen** Sie den Mulch um die Pflanzen herum, halten Sie aber 2 cm Abstand zwischen Mulchdecke und Pflanzenansatz, damit weiterhin Luft gut zirkulieren kann und sich keine Feuchtigkeit staut.

Hühnermist
Wer nicht genug selbst angesetzten Kompost zum Mulchen der Beete hat, kann auch Hühnermist in Pelletform **kaufen**. Er kostet nicht viel, reichert den Boden auf natürliche Weise mit Nährstoffen an und ist eine hervorragende kurzfristige Lösung. Sie brauchen 100 g Pellets pro Quadratmeter. Gedüngt wird damit ausgangs des Winters, indem man sie auf den Beetflächen **verstreut** und leicht mit dem Rechen in den Boden einarbeitet. Aber wie beim Mulchen des mehrjährigen Gemüses ist darauf zu achten, dass noch im Beet verbliebene Pflanzen nicht direkt mit den Pellets in Kontakt kommen. In den nächsten Jahren kann man den Boden turnusmäßig **düngen**, wenn die Beete gerade am meisten abwerfen. Streuen Sie dazu Ende Juni oder Anfang Juli 50 g auf einen Quadratmeter Fläche.

PLANUNG

In den Herbst- und Wintermonaten lasse ich gern die vergangene Anbausaison Revue passieren und überlege mir, wie ich die Ernte im nächsten Jahr noch weiter erhöhen kann. Nehmen Sie sich Zeit für eine Feinabstimmung des Pflanzplans für das kommende Jahr und halten Sie Ausschau nach neuen Sorten, bevor Sie Ihre Samenbestellungen abschicken. Auch Bücher und Videos liefern wertvolle Inspiration. Auf dem Weg zu kompletter Selbstversorgung macht man die größten Fortschritte dadurch, dass man aus den Erfolgen und Fehlschlägen des vergangenen Jahres lernt.

Die zweite Saison

Die erste Saison haben Sie hinter sich. Nehmen Sie sich nun Zeit, zu überlegen, wie Sie die zweite angehen möchten. Übernehmen sollten Sie Methoden, die schon im letzten Jahr gute Erträge gebracht haben. Was jedoch nicht ganz nach Plan lief, können Sie getrost justieren. Die kommende Saison sollten Sie auch als Gelegenheit sehen, neue Sorten zu testen und neue Methoden auszuprobieren, um Ihren Garten möglichst nutzbringend zu bewirtschaften. Für mich beginnt das neue Jahr mit den ersten Aussaaten im Folientunnel und den Mistbeeten im Februar. Sie liefern Genüsse in der ertragsarmen Zeit (siehe S. 148–149).

EINPFLANZEN

Ein monatlicher Pflanzplan ist die effektivste Methode, während der Anbausaison eine konstante Versorgung zu garantieren. Ich habe Ihnen meinen Plan für das erste Jahr im Selbstversorgungsgarten verraten. Zu Beginn jedes Monats gab es eine Übersicht des Gartenlayouts. Für jede Fläche wurde angegeben, was dort wächst und ob die Pflanzen geerntet und durch andere ersetzt werden. Ein so klarer, simpler Plan ist wichtig, denn er hilft Ihnen, den Überblick zu behalten, Zeit zu sparen und möglichst hohe Erträge zu erzielen. Ich habe meinen Plan bewusst einfach gehalten, damit er aussagekräftig ist und jeden Monat einen raschen Überblick gewährt.

Wie bei allen neuen Pflanzplänen geht es darum, jede kleinste Fläche bis Mai zu bepflanzen und dafür zu sorgen, dass das bis November auch so bleibt. Ich skizziere jeden Plan mit einem Stift auf Papier, denn es gibt immer wieder etwas zu verändern und zu korrigieren. Nicht vergessen darf man auch, dass manches Gemüse aus der letzten Saison auch noch dieses Jahr Platz besetzt, was auf dem Plan klar eingezeichnet sein muss. In der Tabelle rechts ist dies angegeben. Die Liste zeigt, wann eine Ernte zu erwarten ist. Danach können Sie den Platz wieder für weitere Pflanzungen verplanen.

Gemüse	Letzte Ernte
Violetter Sprossenbrokkoli (unter Folie)	Anfang April
Violetter Sprossenbrokkoli (Freiland)	Anfang Mai
Porree	Ende April
Grünkohl	Mitte Mai (nach dem Entfernen der Blütentriebe)
Spazierstock-Kohl	Ende Mai oder stehen lassen*
Frühjahrskohl	Mitte bis Ende Mai
Knoblauch	Ende Juni
Wintersalate (unter Glas)	Mitte April
Stielmangold (unter Glas)	Mitte April

*Wenn Sie die Blütentriebe des Spazierstock-Kohls entfernen, wächst er noch eine weitere Saison lang.

ERTRÄGE

Beim Erstellen eines Pflanzplans sollten Sie auch überlegen, wie viel Essbares Sie aus dem verfügbaren Platz herausholen möchten.

Um Ihnen einen Überblick über realistische Mengen zu verschaffen, habe ich eine Liste mit Durchschnittserträgen pro Pflanze und der erwartbaren Zahl von Pflanzen pro Quadratmeter erstellt. Sie basiert auf meinen Erträgen, was sich nicht unbedingt auf Ihren Garten übertragen lässt. Allerdings sind sie ein erster Anhaltspunkt für Ihre eigenen Pläne und hilft zu verstehen, wie viel überhaupt möglich ist.

IM FOLIENTUNNEL

Nehmen Sie sich Anfang Februar ein paar Stunden Zeit, um alles zu organisieren und für das Frühjahr vorzubereiten. Prüfen Sie Ihr Werkzeug, ordnen Sie Töpfe und Topfplatten, sehen Sie nach, ob das Bewässerungssystem funktioniert, und waschen Sie den Folientunnel innen und außen mit warmer Seifenlauge, um Algen zu entfernen und möglichst viel Licht ins Innere zu lassen. Die Folienbeete werden genauso gereinigt.

MISTBEETE

Beet 1
Versuchen Sie, Ihr erstes Mistbeet mit Material zu

füllen, das Sie im Winter gesammelt haben. Ab Mitte Februar kann es besät werden. In der ersten Saison haben wir erst im März ausgesät, aber jetzt stehen die Beete schon bereit, sodass man zwei Wochen früher säen und die ersten Salate Ende März ernten kann. Sie können den Aussaatplan vom letzten Jahr (siehe S. 52) übernehmen oder sich eine der folgenden Pflanzen aussuchen, die man alle im Februar aussäen kann: Kopfsalat, Rucola, Radieschen, Spinat, Erbsen (f. Sprossen), Pak Choi, Frühlingszwiebeln, Rote Beten, Dill, Koriander, Möhren, Stielmangold, Speiserüben.

Vergessen Sie nicht, den Platz zwischen den Sämlingsreihen zu nutzen, um nicht winterhartes Gemüse wie Auberginen, Chilis und Tomaten hier zum Keimen zu bringen. Aber auch durch Aussaat in Topfplatten bereitet man Setzlinge vor, die dann im März oder April in die Beete wandern können.

KOMPOST

Das Kompostieren im zweiten Jahr unterscheidet sich nicht groß von dem in der ersten Saison. Füllen Sie einen der Komposter bis spätestens Mitte Mai, damit Sie dort im Juni ein, zwei Kürbissetzlinge unterbringen können. Die beiden anderen werden nach Bedarf mit Material aus Garten und Küche, von Freunden und Nachbarn gefüllt.

SORTENTESTS

Jeder Garten ist ein Spiegelbild der Vorlieben seiner Besitzer. Wenn Sie sich Zeit nehmen, unterschiedliche Sorten auszuprobieren, können Sie Ihren Garten exakt auf Ihre Bedürfnisse auslegen. Das heißt nicht, dass man die Anbaufläche vergrößern muss. Säen Sie einfach eine halbe Reihe einer anderen Pastinakensorte oder stecken Sie zehn Zwiebeln einer neuen Sorte. Geht der Versuch schief, ist wenig verloren, gelingt er aber, haben Sie eine neue Sorte entdeckt, die vielleicht besonders hohe Erträge bringt. Mit der Zeit entsteht so ein auf Sie und Ihren Garten zugeschnittenes Pflanzenrepertoire. Wer einen größeren Garten hat, dem rate ich, eine 1–2 Quadratmeter große Fläche als Versuchsfeld zu nutzen, um dort jedes Jahr neue Sorten auszuprobieren.

FORTBILDUNG

Fortschritte auf dem Weg zu kompletter Selbstversorgung macht man auch dadurch, dass man sein eigenes Know-how mehrt. Wenn Sie nicht nur gärtnern, sondern obendrein kochen können, verwandeln Sie Ihre Erträge in Köstlichkeiten für den Esstisch. Lernt man, Frisches einzumachen, hat man einen Vorrat für die Wintermonate. Lassen Sie sich auch in die Geheimnisse der Milchsäuregärung einweihen, um Gemüse haltbar zu machen. Bei einem Wildkräuter- und Wildgemüsekurs erfahren Sie, was bei Ihnen wächst und wie Sie die Köstlichkeiten aus Ihrem Garten mit Selbstgesammeltem ergänzen.

MEHRZWECKRAUM

Zu meinen liebsten Gartenweisheiten gehört dieser Spruch: Der beste Dünger ist der Schatten des Gärtners. Anders ausgedrückt: Je mehr Zeit Sie im Garten verbringen, desto besser werden Ihre Pflanzen gepflegt. Trinken Sie Ihren Kaffee draußen, dann entdecken Sie die Schnecken auf dem Salat eher oder sehen eine Kletterbohne, deren Trieb sich gelockert hat. Ein Garten, so sehr er Nutzfläche ist, sollte immer auch ein Ort sein, an dem man entspannen und das Draußensein genießen kann.

Vor dem Beginn jeder neuen Saison versuche ich, ein zusätzliches Element zu finden, das ich ihm hinzufügen kann, damit er mir noch mehr Spaß macht und noch multifunktionaler wird. Ein Küchengarten bietet sich für allerlei Aktivitäten an. Ein paar habe ich unten aufgezählt. Manche eignen sich auch für Kleingärten.

- Feuerstelle (Bild rechts)
- Pizzaofen (tragbar)
- Leseecke
- Kelly Kettle (unten)
- Frühstücks-/Abendtisch (Klapptisch)
- Eichenfass-Eisbad
- Dartscheibe
- Vogelbad
- Staffelei
- Schnittblumenbeet

DOKUMENTATION

Halten Sie so viel wie möglich fest, was im Garten passiert, dann bekommen Sie einen noch engeren Bezug zu ihm. Ich finde, ein Tagebuch, eine Kamera, ein Maßband und eine Küchenwaage (für die Erträge) sind hervorragende Utensilien, um das Anbaujahr zu dokumentieren. Im Winter können Sie alles in Ruhe durchgehen. Die Notizen und Aufnahmen sind eine große Hilfe, wenn es darum geht, sich neue Ziele zu setzen oder Wünsche für die nächste Saison zu erfüllen.

ANBAUFLÄCHE & ERTRAG

Die Tabelle soll Ihnen helfen, Pflanzpläne zu optimieren. Sie zeigt, wie viele Pflanzen pro Quadratmeter Sie anbauen können und welche durchschnittlichen Erträge zu erwarten sind. Ich habe als Einheit Quadratmeter gewählt, denn es ist ein Maß, mit dem sich die meisten Selbstversorgungsgärten gut unterteilen lassen. Als Grundlage dienten meine eigenen Erntedaten der letzten Jahre. Sie sind als grobe Richtlinie zu verstehen. Aufgeführt ist nur einjähriges Gemüse, allerdings auch solches, das im ersten Jahr noch gar nicht zum Einsatz gekommen ist. Ich habe es aufgenommen, damit Sie genug Informationen haben, falls Sie es später einmal anbauen möchten.

Zur Anbaufläche

Die Angaben zu den Abständen sind ein Durchschnittswert, der sich für Blockpflanzungen eignet, und können leicht von den Angaben im Buch abweichen, aber das spielt keine große Rolle.

Eignet sich ein Gemüse besser für Reihenpflanzung, sind die Abstände in den Reihen gemeint. Bei Blockpflanzungen sollte ein Mittelweg zwischen Abstand und Ertrag gefunden werden. Die Abstände sind meist größer, sodass die Pflanzen nicht zu dicht wachsen oder sich gegenseitig Licht wegnehmen. Ideal sind versetzte Reihen, damit in alle Richtungen gleiche Abstände herrschen.

Gemüse	Abstand zwischen Pflanzen und Reihen (cm)	Ertrag pro Pflanze (g)	Pflanzen pro Quadratmeter	Durchschnittsertrag pro Quadratmeter (g)
Ackerbohne, dick	20	200	20	**4000**
Ackerbohne, fein	20	175	20	**3500**
Auberginen	50	1500	4	**6000**
Basilikum	10	100	20	**2000**
Blattmangold	20	350	20	**7000**
Blattsalate (einschl. Kopfsalat)	10	150	50	**7500**
Blumenkohl	50	1500	4	**6000**
Brokkoli	50	450	4	**1800**
Buschbohnen	15	90	30	**2700**
Chicorée	20	225	20	**4500**
Chilis	40	300	5	**1500**
Chinakohl	35	800	8	**6400**

Gemüse	Abstand zwischen Pflanzen und Reihen (cm)	Ertrag pro Pflanze (g)	Pflanzen pro Quadratmeter	Durchschnitts-ertrag pro Quadratmeter (g)
Daikon-Rettiche	10	250	40	**10000**
Erbsen	10	150	50	**7500**
Fenchel	20	225	20	**4500**
Frühjahrskohl	35	800	7	**5600**
Grünkohl	30	750	8	**6000**
Gurken	30	4000	6	**24000**
Haferwurzel	10	150	40	**6000**
Kartoffeln, früh	30	800	7	**5600**
Kartoffeln, Haupternte (spät)	40	1800	5	**9000**
Kartoffeln, mittelfrüh	30	1200	6	**7200**
Knoblauch	10	90	40	**3600**
Knollensellerie	30	750	10	**7500**
Kohlrabi	15	225	25	**5625**
Koriander	10	35	20	**700**
Möhren	7,5	100	100	**10000**
Oka (Yam)	30	400	8	**3200**
Pak Choi	25	350	15	**5250**
Paprika	40	300	5	**1500**
Pastinaken	10	250	40	**10000**
Petersilie	15	50	10	**500**
Porree	15	200	40	**8000**
Radieschen	10	20	100	**2000**
Riesenkürbisse	90	5000	1	**5000**
Rosenkohl	40	1000	6	**6000**
Rote Beten	20	175	30	**5250**

Gemüse	Abstand zwischen Pflanzen und Reihen (cm)	Ertrag pro Pflanze (g)	Pflanzen pro Quadratmeter	Durchschnitts-ertrag pro Quadratmeter (g)
Rucola	10	25	40	**1000**
Schalotten	10	150	40	**6000**
Sommerkohl	40	1200	5	**6000**
Sommerkürbisse	90	4000	1	**4000**
Spazierstock-Kohl	40	1000	6	**6000**
Speiserüben	15	150	50	**7500**
Speisezwiebeln	15	250	35	**8750**
Spinat	10	150	40	**6000**
Sprossenbrokkoli, violett	50	400	4	**1600**
Stangenbohnen, breit	30	550	10	**5500**
Stangenbohnen, rund	30	375	10	**3750**
Stangensellerie	30	600	10	**6000**
Steckrüben	15	400	30	**12000**
Stielmangold	15	350	20	**7000**
Tomaten	60	6000	2	**12000**
Topinambur	30	1200	8	**9600**
Winterkohl	40	1200	5	**6000**
Winterkürbisse	90	5000	1	**5000**
Zucchini	75	4000	1	**4000**

Probleme

Im Garten muss man immer mit Schädlingen und Krankheiten rechnen, doch lassen sich Schäden durch vorbeugende Maßnahmen sowie eine Verbesserung der Boden- und Pflanzengesundheit auf ein Minimum begrenzen. Da unser Selbstversorgungsgarten relativ klein ist, kann man Schädlinge und Krankheiten darin unschwer entdecken. Auf den folgenden Seiten zeige ich Ihnen, wie Sie sie in Schach halten.

SCHÄDLINGE

Ich behaupte: Eine geringe Anzahl von Schädlingen ist gar nicht so schlecht, denn sie lockt Nützlinge an. Die sind nicht nur als Bestäuber für Nutzpflanzen wichtig, sondern ernähren sich auch von Schädlingen und bewahren so ein gesundes, natürliches Gleichgewicht.

Schnecken

Eine der wirksamsten Bekämpfungsmaßnahmen ist es, an warmen, feuchten Nächten mit Taschenlampe und Eimer bewaffnet in den Garten zu gehen und die Tiere von Hand aufzusammeln. Zu Leibe rücken kann man ihnen aber auch mit Nematoden. Das sind winzige Parasiten, die sie abtöten. Bringt man sie im zeitigen Frühjahr aus, dezimieren sie Schnecken bis zu sechs Wochen lang, sodass Sämlinge verschont bleiben.

Kohlweißlingsraupen

Sie machen sich über Kohlgewächse her. Durch Abdecken der Kulturen mit Netzen kann man sie nicht immer stoppen, denn die Tiere legen ihre Eier durch sie hindurch. Ich suche die Pflanzen lieber zwei-, dreimal die Woche ab und sammle die Raupen ein.

Blattläuse

Diese Sauginsekten schädigen oft die Triebspitzen. Die schwarzen Arten sitzen an Bohnen, die grünen bevorzugen Tomaten und grünes Blattgemüse. Man kann sie mit einem Wasserstrahl von den Pflanzen befördern und anschließend mit einer Lösung aus 2–3 Teelöffeln Spülmittel in 300 ml Wasser weiter dezimieren, ohne Nützlinge dadurch groß in Mitleidenschaft zu ziehen.

Vögel

Tauben machen sich über Kohlgemüse her, während Gartenvögel wie Amseln vor allem an Beeren interessiert sind. Als einzige wirksame Gegenmaßnahme kommen Netze in Betracht, doch muss man aufpassen, dass die Tiere sich darin nicht verfangen.

KRANKHEITEN

Kein Garten ist immun gegen Krankheitserreger. Sie gelangen über Luft oder Wasser zu den Pflanzen. Die wirkungsvollste Gegenstrategie ist der Kauf widerstandsfähiger Sorten, doch ebenso wichtig ist es, mit selbst angesetzten Präparaten (siehe S. 208) die Gesundheit der Pflanzen zu verbessern.

Kraut- und Braunfäule
Tomaten und Kartoffeln können an dieser Krankheit leiden. Eine Infektion droht vor allem unter warmfeuchten Bedingungen. Die Krankheit kann ganze Kulturen vernichten. Bauen Sie, falls möglich, widerstandsfähige Sorten an, gießen Sie nicht auf das Laub und sorgen Sie gerade bei Tomaten immer für gute Durchlüftung.

Echter Mehltau
Wie die Kraut- und Braunfäule wird diese Pilzerkrankung durch feuchte Bedingungen begünstigt. Echter Mehltau befällt vor allem Kürbisse, aber auch Erbsen. Lichten Sie das Laub zum Saisonende aus und besprühen Sie beide Blattseiten alle zwei Wochen mit verdünntem LAB (siehe S. 208).

Rost
Rostpilze befallen vor allem Ackerbohnen und Lauchgewächse. Er sieht unschön aus, macht den Pflanzen aber nicht so schnell den Garaus. Ich empfehle, nur stark befallene Exemplare zu entfernen. Infizierte Porreestangen werden im Spätsommer und tFrühherbst mit LAB (siehe S. 208) behandelt. Wird es kühler, sollte der Rost von selbst verschwinden.

FRUCHTWECHSEL

Fruchtwechsel ist eine relativ komplizierte Methode, den Boden und die Gartengesundheit zu verbessern, indem man Gemüse im Rotationsprinzip jede Saison an einem anderen Standort kultiviert. Nach 3–4 Jahren beginnt der Zyklus von vorn. Das soll ein Überhandnehmen von Krankheitserregern im Boden verhindern. Wegen der geringen Größe des Selbstversorgungsgartens ist Fruchtwechsel dort schwierig umzusetzen. In den meisten Beeten wachsen sowieso 2–3 unterschiedliche Arten innerhalb einer Saison. Ich konzentriere mich lieber darauf, die Böden zu verbessern und Nützlinge anzulocken.

BLÜTEN FÜR BESTÄUBER

Bieten Sie Bestäubern ihre Lieblingspflanzen und Sie werden bald eine eigene Privatarmee haben, die nach Kräften bestäubt und Schädlinge vertilgt. Sobald Sie die adulten Tiere, von Schwebfliegen über Florfliegen bis zu Marienkäfern, im Garten haben, vermehren sie sich und schicken ihre Larven ins Feld, die erstaunlich viele Schädlinge dezimieren. Ich empfehle vor allem folgende Kräuter und Blumen:

Fenchel, Dill & Koriander
Die Blätter dieser drei einjährigen Kräuter leisten in der Küche gute Dienste und ihre Blüten locken Nützlinge an. Lassen Sie einige Exemplare Samen ansetzen, die Sie als Gewürz verwenden oder wieder aussäen können.

Ringel- & Studentenblumen
Sie sind Insektenmagneten und bringen Farbe in den Garten. Blütenblätter von Ringelblumen schmecken gut in Salaten.

Thymian, Majoran & Minze
Ihre winzigen Blüten rufen Bestäuber auf den Plan.

Schafgarbe
Sie selbst ist zwar nicht essbar, doch lässt sie sich unschwer ziehen und lockt allerlei Nützlinge an.

Brennnesseln
Lassen Sie einen Horst in einer Ecke ungehindert wachsen. Manche Schmetterlingsraupen ernähren sich von Brennnesseln.

Die ertragsarme Zeit

Wenn zum Winterende das letzte Wintergemüse geerntet ist, brechen magere Zeiten an, bevor man im Sommer wieder aus dem Vollen schöpfen kann. Zwischen Anfang April und Mitte Juni gibt es im Garten nur wenig zu holen. Aber unter Glas reift trotzdem etwas heran, und zählt man noch das Eingefrorene und Eingemachte aus den Regalen dazu, muss man selbst in dieser Zeit nicht hungern.

DIE BESTEN FÜR DAS FREILAND

Porree Pflanzen Sie spät schossende Sorten und Sie können bis Mai ernten (links).

Rhabarber Die leckeren Stangen sind genau richtig, um die mageren Zeiten zu überbrücken (links unten).

Violetter Sprossenbrokkoli Die zarten Röschen sind bis April und Mai verzehrbar.

Frühjahrskohl Einzelne Blätter können im April, kleinere Köpfe im Mai und Juni geerntet werden.

Knoblauch Grüner Knoblauch kann ab Mitte Mai, reifere Knollen Ende Juni geerntet werden (rechts, drittes Bild).

Mangold Überwinterte Pflanzen liefern im April und Mai frische Blätter, bevor sie Samen ansetzen.

Chinakohl Die großen Köpfe schossfester Sorten sind in der zweiten Maihälfte erntereif.

Grünkohl Frostharte Sorten können bis in das Frühjahr hinein geerntet werden.

DIE BESTEN FÜR DIE GESCHÜTZTE KULTUR (FOLIENBEETE UND -TUNNEL)

Frühkartoffeln* Wenn im Februar Saatkartoffeln gesteckt werden, kann man bereits ab Ende Mai oder Anfang Juni ernten (Bild unten).

Blumenkohl* Wird er Anfang Februar ausgesät, sind früh reifende Sorten schon im Juni erntereif (Bild oben).

Pak Choi* Im Februar ausgesäte Sätze liefern schon nach sechs Wochen knackige Blätter.

Erbsen* Im Februar ausgesät, liefern Erbsen ab Ende Mai schon erste Schoten.

DIE BESTEN FÜR DAS MISTBEET

Blattsalate* Was im Februar angesät wird, sorgt dafür, dass Sie in puncto Salat schon ab April wieder Selbstversorger sind.

Möhren und Rote Beten* Bei Februaraussaat sind ab Mitte Mai erste Wurzeln zu erwarten.

Frühlingszwiebeln Sie bringen bereits ab Anfang Mai Schwung in Salate.

DIE BESTEN ZUM HALTBARMACHEN

Tomaten Eingefrorene Tomaten halten monatelang, sodass Sie bereits im zeitigen Frühjahr den Sommer schmecken können.

Speisezwiebeln Getrocknete, eingelagerte Zwiebeln bringen Sie problemlos durch die mageren Zeiten (links, zweites Bild von oben).

Winterkürbisse Trocken gelagerte Kürbisse wie Früchte der Sorte 'Blue Hubbard', halten sich mindestens sechs Monate.

Ein Wort zu den Ausaatterminen*
Da ich den Selbstversorgungsgarten im März angefangen habe, empfehle ich, die mit * markierten Pflanzen in diesem Monat auszusäen. Im zweiten Jahr allerdings können Sie, da alles schon steht, je nach Klima und Wetter auch schon etwas früher mit der Aussaat beginnen, sofern Ihnen eine geschützte Beetfläche, also in Gewächshäusern oder unter Folie, zur Verfügung steht.

In der Küche

03

Überblick

Willkommen in der Küche. Hier werden Köstlichkeiten aus dem Garten so haltbar gemacht und gelagert, dass Sie sie das ganze Jahr genießen können. Sie erfahren, wie Sie Ihren Gartenschätzen den besten Geschmack entlocken und Überschüsse einmachen, damit Sie auch in den ertragsarmen Monaten etwas davon haben. Mit einfachen Methoden zeige ich, wie Sie Essen effizient so zubereiten, dass es auch schmeckt. Hier geht es nicht um Sterneküche, sondern darum, unkomplizierte Gerichte zu genießen.

DER ANSATZ

Auf den nächsten Seiten finden Sie viele Rezepte zum Ausprobieren. Wir fangen mit Gemüse an, das Sie vermutlich ausschließlich aus Ihrem Garten holen, also mit einfachen Salaten und Suppen. Dann geht es zu Currys, Würzsoßen, Eingemachtem, Püree, Vergorenem, Süßem und Drinks. Aber zuerst zu den Grundvoraussetzungen, die Sie als solide Basis brauchen. Danach können Sie nach Herzenslust in der Küche kreativ werden.

DIE AUSSTATTUNG

Für jedes Rezept in diesem Kapitel brauchen Sie lediglich eine Basisausrüstung. Die besteht aus ein paar großen, ofenfesten Edel- oder Gussstahltöpfen, einem Messer und einem Schneidebrett. Ich empfehle ferner einen Stabmixer oder eine Küchenmaschine. Damit spart man beim Zubereiten von Püree und Pesto viel Zeit. Ich habe die Küchenutensilien in zwei Kategorien eingeteilt: Die erste enthält die Grundausstattung für den Anfang, die zweite die ideale Ausrüstung mit einigen Spezialgeräten wie Dörrautomaten und einem Whiteboard, mit dem Sie den Überblick über Eingelagertes und Haltbargemachtes behalten.

Basisausstattung

- Kochmesser, 20–25 cm
- großes Schneidebrett
- Stabmixer oder Küchenmaschine
- große Bratpfanne
- großer Topf
- 2 große Backbleche
- Rolle Backpapier

- 5 1-l-Einmachgläser mit Bügelverschluss
- 5 5-l-Einmachgläser mit Bügelverschluss

Idealausstattung

- Gefriertruhe
- 20 Gefrierbehälter, luftdicht verschließbar, 25 cm
- 10–15 Pilzschalen, stapelbar (gebraucht von lokalen Geschäften holen oder online bestellen)
- kleines Whiteboard mit Stiften
- Dörrautomat (zum Trocknen von Obst und Gemüse)
- Kühlschrank
- Regale (zum Lagern von Getrocknetem, Vergorenem und Eingemachtem)
- Mörser mit Stößel
- pH-Messgerät

Vorratskammer

Hier bewahre ich alles auf, was sich bei Raumtemperatur lagern lässt, etwa Essig, Öl, Chutneys und Ketchup, ferner Reis und Nudeln, die en gros gekauft werden, um Geld zu sparen.

- 5 l Olivenöl
- 1 l hellen Essig (Apfel- oder Weißweinessig)
- 1 l dunklen Essig (Balsamico- oder Rotweinessig)
- 1 l Sojasoße
- 500 g Meersalz
- 10 kg Reis
- 10 kg Haferflocken
- 10 kg Nudeln
- 10 kg Hülsenfrüchte, etwa rote Linsen
- eine Auswahl Bohnen in Dosen, etwa Kidney-Bohnen

VORBEREITUNG

Gute Vorbereitung spart Zeit und vermeidet Abfall. Die folgenden Tipps gelten für die meisten Rezepte, falls nichts anderes angegeben ist.

- Schälen Sie Gemüse nicht. In der Schale sind viele Geschmacks- und Nährstoffe enthalten.
- Waschen Sie Gemüse in warmem, nicht in kaltem Wasser. Das geht schneller und ist angenehmer.
- Schneiden Sie beim Würfeln 1 cm große Stücke. Gehacktes Gemüse besteht aus 1–2 cm großen Stücken.
- Bei Verwendung einer Knoblauchpresse schälen Sie die Zehen vorher nicht, denn es ist einfacher, die Schalen erst danach zu entfernen. So lässt sich die Presse auch leichter säubern.
- Schneiden Sie das Wurzelende von Zwiebeln nicht weg. Es hält die Häute zusammen, was das Schneiden oder Hacken erleichtert.
- Überschüssiges Blatt- und Grüngemüse lässt sich zu Pesto verarbeiten, das man einfriert und für Nudelgerichte, Soßen und Dressings verwendet.
- Verarbeiten Sie größere Erntemengen, etwa von Tomaten, zu Püree und Suppen und frieren Sie alles ein. So nimmt es weniger Platz weg. Haltbarkeit: 6–8 Monate.
- Prüfen Sie mit einem pH-Messgerät, ob etwas noch gut ist, wenn Sie es fermentieren.

EINFRIEREN

Hier ein paar Tipps für erfolgreiches Einfrieren:

- Frieren Sie kleinere Mengen sofort nach dem Ernten ein.
- Portionieren Sie alles (als einfache oder doppelte Portionen).
- Kleben Sie Etiketten beim Beschriften so auf, dass sie beim Einlagern gut sichtbar sind.
- Beim Einfrieren in Gefrierbeuteln legen Sie die gefüllten Beutel flach in das Fach. Wenn Sie gefroren sind, werden sie wie Bücher hochkant gestellt.

Geschmack

Nahrungsmittel lassen sich in Geschmacksrichtungen einteilen, die auf verschiedene Weise interagieren. Beim Kombinieren braucht man nur ein paar einfache Regel zu beachten, um den Geschmack von Selbstgezogenem zu verbessern.

Man unterscheidet fünf Hauptgeschmacksrichtungen (rechts). Manche, wie süß und salzig, verstärken sich (etwa bei gesalzenem Karamell). Andere gleichen sich aus, etwa süß und sauer, sodass beide angenehmer werden. Zitronenlimonade etwa wäre ohne Zucker viel zu sauer. Versteht man ihre Charakteristiken, bekommt man beim Kochen erstaunlich gelungene Kombinationen hin.

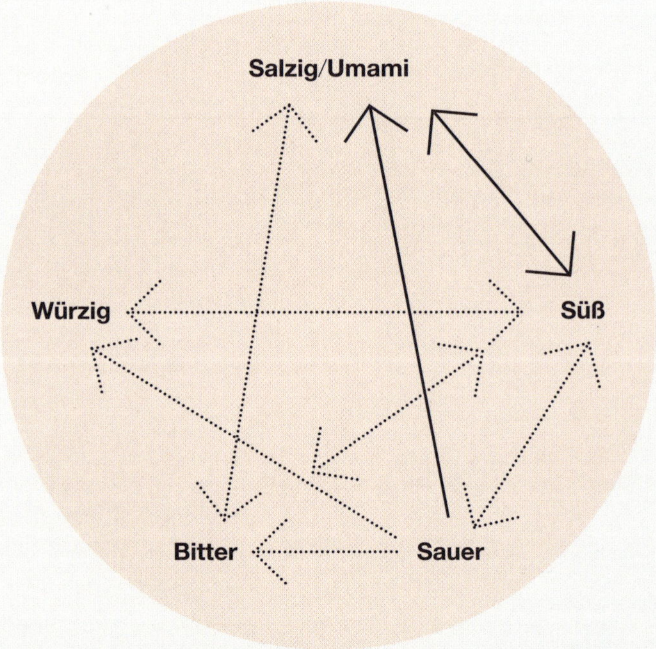

Diese Grafik veranschaulicht, wie Geschmacksrichtungen interagieren. Durchgehende Pfeile stehen für Geschmacksnoten, die sich verstärken. Solche, die sich ausgleichen, sind mit gepunkteten Pfeilen verbunden. Ist die Wirkung gegenseitig, zeigt der Pfeil in beide Richtungen.

GESCHMACKS-RICHTUNGEN

Salzig/Umami: *gleicht bitter aus, verstärkt süß*
Salzig und umami sind streng genommen unterschiedliche Geschmacksrichtungen, aber etliche Zutaten, die viel von einer Note haben, haben auch viel von der anderen. Umami ist ein pikanter Geschmack, den wir bei Glutamat schmecken.

Salzig

- Salz
- Anchovis
- Hartkäse
- Sojasoße
- Seetang
- Haltbar gemachtes Fleisch
- Miso
- Kimchi
- Fischsoße

Umami

- Pilze
- Tomaten
- Miso

Würzig: *gleicht süß aus, wird von sauer ausgeglichen*
Als Geschmack transportiert würzig auch ein Wärmeempfinden. Kreuzkümmel oder Zimt gelten zwar als Gewürze, sie zählen jedoch nicht zu der Kategorie würzig.

- Chilis (frisch oder getrocknet)
- Senf
- Pfefferkörner
- Rettiche
- Wasabi
- Ingwerwurzel

Bitter: *gleicht süß aus, wird von salzig/umami und sauer ausgeglichen*
Mit Bedacht und in kleinen Mengen eingesetzt kann es ein Gericht aufwerten. Zu viel bitter lässt sich mit süß, sauer und umami ausgleichen. Nahrungsmittel mit Tanninen wie Rotwein und Tee gehören ebenfalls in diese Kategorie.

- Kaffee
- Dunkle Schokolade/Kakao
- Grapefruit
- Bier
- Brokkoli
- Grünkohl
- Spinat
- Löwenzahn
- Chicorée
- Okra
- Endivie

Sauer: *gleicht würzig und süß aus; verstärkt salzig/umami*
Saure Zutaten wirken belebend und unterstreichen den Geschmack. Viele saure Nahrungsmittel sind fermentiert.

- Zitrusfrüchte
- Essig (rot, weiß, Apfel, Birne, Malz, Sherry, Balsamico, Reis)
- Joghurt
- Saure Sahne
- Ziegen- oder Schafskäse
- Sauer eingelegtes Gemüse
- Tomaten
- Beeren (Johannisbeeren)

Süß: *gleicht sauer, bitter und würzig aus; verstärkt salzig/umami*
Neben den üblichen Süßspeisen gehören auch Möhren dazu.

- Honig
- Zucker
- Beeren (Erdbeeren, Heidelbeeren)
- Möhren
- Kürbisse
- Rote Beten
- Süßkartoffeln
- Pastinaken

Fett
Fett ist zwar nicht Teil der Geschmackstabelle, dient aber in fetthaltigen Speisen wie Sahne, Joghurt, Milch, Öl und Butter als Verstärker von Noten, die ansonsten untergehen würden.

GESCHMACKSTABELLE

In dieser Tabelle sind die wichtigsten Gemüse mit Geschmacksnoten aufgelistet, dazu außerdem die verschiedenen Methoden, mit der sich die Pflanzen aus dem Selbstversorgungsgarten verarbeiten lassen. Sie brauchen nur unter der jeweiligen Pflanze, die Sie verwenden wollen, nachzusehen. Rechts davon finden Sie stichwortartige Tipps zu ihren Eigenschaften und wie sie am besten zuzubereiten ist. Außerdem können Sie anhand der Liste entscheiden, welche Geschmackskombinationen gut funktionieren und welche nicht.

Geschmacksnoten

A, B oder **C** nach der Bezeichnung der Nutz-

Zutat (pikant)	**Geschmack**	**Roh**	**Blanchiert**	**Gedämpft**	**Verkohlt**
Asia-Gemüse B	Bitter (mild)	Ja	1 Min. (erst Stängel ins Wasser)	3–4 Min. (Farbe bleibt bewahrt)	Bis sie weich sind
Auberginen A	Cremig*	–	3 Min. (gewürfelt, Einfrieren)	10 Min. (1 cm dick)	12–16 Min. (1 cm dick)
Blattsenf C	Würzig	Ja	10 Sek. (nur leicht, damit er nicht matschig wird)	20–30 Sek. (nur kurz)	–
Blumenkohl A	Süß	Ja	2 Min. (Kopf achteln)	7 Min. (Röschen)	5 Min.
Brokkoli (violetter Sprossenbrokkoli)	Bitter	Ja, auch die Blätter	2–4 Min.	4–5 Min.	5–7 Min.
Buschbohnen B/C	Süß/(leicht bitter)	–	1 Min. (zum Einfrieren)	–	–
Chicoree C	Bitter	Ja (als Blattsalat)	2–3 Min.	5–6 Min. (ganz/ halbiert)	10 Min. (halbiert)
Chilis C	Würzig	Ja	–	–	3 Min. (ganz o. geschnitten)
Chinakohl B	Süß	Ja (gehackt)	1 Min. (2-cm-Ecken)	4–5 Min. (2-cm-Ecken)	10–12 Min. (Ecken)
Cima di rapa (Stängelkohl B**)**	Bitter (mild)	Ja (Blätter)	2–3 Min.	3–4 Min.	3–4 Min.
Daikon-Rettich A/B	Süß	Ja (dünn in Scheiben/mit Kraut)	4–5 Min. (2-cm-Stücke)	5 Min. (sehr dünn in Scheiben geschn.)	10–15 Min. (erst blanchieren)
Dicke Bohnen B/C	Süß/leicht bitter)	Nur sehr jung	2 Min. (zum Einfrieren)	3–4 Min. (enthülst)	2–3 Min.
Fenchel B/C	Süß	Ja	4 Min. (geschnitten)	15 Min. (halbiert/ geviertelt)	15 Min. (geviertelt, Oberseite nach unten)
Feuerbohnen B/C	Süß/mild bitter	–	3–4 Min., geputzt, zum Einfrieren	–	–
Frühjahrskohl B	Süß	Ja (gehobelt)	30 Sek. (gehobelt)/ 2 Min. (Ecken)	3 Min. (gehackt/ gehobelt)	3 Min. (gehobelt)/ 4–5 Min. (Ecken)

pflanze gibt an, in welchen Mengen sie in Speisen eingesetzt werden sollte. Bei der Zubereitung verwenden Sie eine oder zwei Zutaten, die mit **A** gekennzeichnet sind, geben ein oder zwei der Kategorie **B** dazu, jedoch in kleineren Mengen, und immer nur eine geringe Menge einer mit **C** gekennzeichneten Zutat.

Als **cremig** eingestufte und mit einem * gekennzeichnete Gemüse enthalten viel Stärke. Sie sorgen für einen weichen, sahnigen, manchmal süßen Geschmack. Das einzige **sauer** wirkende Gemüse aus dem Garten ist die Tomate.

Zu Umluftherden
Beim Backen oder Braten in Umluftherden empfehle ich, eine um 20 °C niedrigere Temperatur als die im Rezept (und in dieser Tabelle) angegebene zu verwenden.

Gebraten (in etwas Öl oder Butter)	**Kurz eingelegt**	**Portioniert eingefroren** (in der Regel bis zu 6 Monate)	**Anmerkungen**
5–8 Min. bei 190 °C (bis sie weich sind)	Ja (dicke Stängel entfernen)	Blanchiert, trocken tupfen	Wie kräftigen Mangold behandeln
20 Min. bei 240 °C (2 cm, gewürfelt)	–	Blanchiert/gebraten und püriert	Mit Olivenöl zum Dip rühren
–	Ja	Püriert (vor dem Hinzufügen zu Suppen auftauen)	Knospen und Blüten sind essbar
1 Std. bei 180 °C (ganz)	Ja (kleine Röschen)	Blanchiert, trocken getupft	Blätter in Salaten oder Pfannengerichten verwenden
15 Min. bei 200 °C (nach der Hälfte der Zeit einmal wenden)	Ja (dünn geschnittenen Strunk)	Blanchiert, trocken getupft	Beim Blanchieren Salz ins Wasser geben, damit er grün und schmackhaft bleibt
15 Min. bei 180 °C	Ja (erst kochen)	Enthülst, roh oder blanchiert	Mit Hartkäse, Pinienkernen, Oregano und Öl zu Pesto rühren
1 Std. bei 180 °C	Ja (halbiert)	Halbiert/geviertelt und blanchiert, trocken getupft	Sehr gut mit Orangensaft und Sojasoße
5–10 Min. bei 200 °C (ganz/geschn.)	Ja (dünn geschn.)	Roh und ganz oder püriert	Weniger scharf, wenn Kerne entfernt werden
45 Min. bei 200 °C (Ecken)	Ja (dünn geschnitten)	Blanchiert, trocken getupft oder zu Kimchi verarbeiten	Beim Schmoren oder Braten nach der Hälfte der Zeit wenden
5–6 Min. bei 200 °C	Ja (kochende Flüssigkeit hinzufügen)	Blanchiert, dann ganz, gehackt oder püriert	
40 Min. bei 180 °C (2–3 cm große Stücke)	Ja (dünn geschnitten)	Blanchiert, trocken getupft	Kraut in Pesto oder Blattsalaten verwerten
30 Min. bei 180 °C (enthülst)	Ja (wenn ganz jung)	Enthülst, roh oder blanchiert	Enthülsen, dann schälen, um eine besonders weiche Konsistenz zu erreichen
50 Min. bei 180 °C (geviertelt)	Ja (dünn geschnitten)	Halbiert/geviertelt, dann blanchiert, gut trocknen	Blätter und Blüten zur Garnierung, Samen sind essbar
15–20 Min. bei 220 °C (ganz)	Ja (vorher kochen)	Blanchiert	Bohnen aus übergroßen, fädigen Hülsen kann man gekocht verzehren
45 Min. bei 200 °C (als Ecken)	Ja (gehobelt)	Blanchiert, trocken tupfen	Überschüsse hobeln und als Sauerkraut ansetzen

Zutat (pikant)	**Geschmack**	**Roh**	**Blanchiert**	**Gedämpft**	**Verkohlt**
Frühlingszwiebeln C	Würzig	Ja	20 Sek. (ganz)	1 Min. (ganz)	2 Min. (ganz, nach der Hälfte wenden)
Grünkohl (Palmkohl, Schwarzkohl) B	Bitter	Ja (siehe Anmerkungen)	30 Sek.	1–2 Min.	–
Gurke C	Süß	Ja	–	2 Min. (in Scheiben	2–3 Min. (dünne Scheiben)
Kartoffeln A	Cremig*	–	15–20 Min. (3-cm-Würfel)	20 Min. (Frühkartoffeln)	35–40 Min. (Ecken)
Knoblauch B	Würzig	Ja (grüne Triebe)	5–6 Min.	4–5 Min. (geschält)	6 Min. (mit Schale, anschließend schälen)
Kohlrabi B	Süß	Ja (gerieben)	10 Min. (1 cm dicke Scheiben)	8–12 Min. (Ecken)	10 Min. (zuerst blan-chieren oder dämpfen)
Kopfsalat C	Süß	Ja	45 Sek.	1 Min.	4 Min. (halbiert, mit Öl bestrichen)
Kürbisse A	Süß	Ja (Blätter)	10–15 Min. (3-cm-Würfel, geschält)	25 Min. (1 cm dicke Scheiben)	20 Min. (1 cm dicke Scheiben)
Malabarspinat B	Süß	Babyblätter	1– 2 Min. (je nach Größe)	3 Min.	Nein, kann aber sautiert werden
Mangold B	Bitter	Gehackt	30 Sek. bis 1 Min.	1–2 Min.	–
Mexikan. Minigurke	Süß	Ja	–	2 Min. (in Scheiben)	–
Möhren (Baby) A	Süß	Kraut und geriebene/ geschnittene Wurzel	2–3 Min. (5 mm dicke Scheiben)	10–12 Min. (d. Länge nach geschnitten)	5–6 Min. (1 cm dicke Scheiben
Pak Choi B/C	Bitter (mild)	Ja	3 Min. (erst Stiele ins Wasser)	8–10 Min.	10 Min.
Porree B	Süß	Ja	30 Sek. (in Scheiben geschnitten)	2–3 Min. (der Länge nach halbiert)	10–15 Min. (äußerste Lage entfernen)
Radieschen C	Würzig	Ja (dünn geschnitten und Kraut)	4–5 Min. (2-cm-Stücke)	30 Min. (2– bis 3-cm-Stücke)	10–15 Min. (erst blanchieren)
Rote Beten A	Süß	Kraut und gehobelte Knolle	20–40 Min. (je nach Größe)	30 Min. (1cm, gewürfelt)	8 Min. (2 cm gestiftelt)
Rucola C	Würzig/bitter	Ja	–	–	–
Schalotten A/B	Süß	Ja (dünn geschnitten, auch Blätter)	–	15–20 Min. (halbiert)	25 Min. (geschnitten)
Spazierstock-Kohl B	Süß	Gehobelte Blätter	1 Min.	3 Min.	2–3 Min. (fein gehobelt)
Speiserüben A	Süß	Kraut	2 Min. (2-cm-Würfel, zum Einfrieren)	25 Min. (2-cm-Würfel)	3 Min. (gewürfelt, vorher blanchieren)
Stangenbohnen B	Süß	–	3 Min. zum Einfrieren	–	–

Gebraten (in etwas Öl oder Butter)	Kurz eingelegt	Portioniert eingefroren (in der Regel bis zu 6 Monate)	Anmerkungen
8 Min. bei 200 °C (nach der Hälfte der Zeit wenden)	Ja (gehackt)	Roh, dann gehackt	Die Blätter geben Geschmack, wenn man keine Zwiebeln hat
5–10 Min. bei 210 °C (mit Sesamöl abschmecken)	Ja (gehackt)	Blanchiert, dann ganz, gehackt oder püriert einfrieren	Stängel entfernen
–	Ja (dünn geschn.)	Roh (max. 3 Monate)	Vor dem Kochen 10–15 Min. einsalzen
45 Min. bei 190 °C (3-cm-Würfel/ Frühkartoffeln halbiert)	–	Parboiled	Gehackte Kartoffeln in Wasser legen, damit sie nicht braun werden
35 Min. bei 200 °C (Boden abschneiden, in Folie schlagen)	Ja (dünn geschnitten)	Ganz, geschält oder püriert, gut verpacken	Frisch oder gut getrocknet genießen
40 Min. bei 180 °C (Ecken)	Ja (gerieben)	Blanchiert (Blätter entfernen)	Blätter in Salaten verwerten
10–15 Min. bei 210 °C (ganz/halbiert)	Ja	Püriert (vor Verwendung in Suppen auftauen)	
1 Std. bei 190 °C (geviertelt, Samen entfernt)	Ja (dünn geschnitten)	Geschält und parboiled	Samen entfernen, rösten und als Snack nutzen
–	Ja	Blanchiert, dann ganz, gehackt, oder püriert	In Pesto mixen, gibt Volumen
8–10 Min. bei 200 °C	Ja (dicke Stiele entfernen)	Blanchiert, dann ganz, gehackt oder püriert)	Aus Blättern und Stielen Kimchi zubereiten
–	Ja (24 Std.)	Roh (max. 3 Monate)	Kurz vor dem Servieren in Salate geben
35 Min. bei 190 °C (ganz)	Ja (dünn geschnitten/gerieben)	Roh oder blanchiert, gehackt (Blätter entfernen)	Blätter für Salate oder Pesto verwenden
25 Min. bei 220 °C (halbiert)	Ja	Blanchiert, trocken tupfen	
20 Min. bei 190 °C (ganz, äußerste Lage entfernen)	Ja (heiße Flüssigkeit hinzufügen)	Blanchiert oder gehackt und in Butter sautiert	
40 Min. bei 180 °C (2- bis 3-cm-Stücke)	Ja	Blanchiert, trocken tupfen	Kraut zu Pesto verarbeiten und in Salate geben
35 Min. bei 190 °C (ganz)	Ja (dünn geschnitten/gerieben)	Blanchiert/gebraten und gewürfelt (ohne Blätter)	Blätter für Salate und Pesto verwenden
–	Ja	Püriert (auftauen, dann in Suppen geben)	Zu Pesto mixen und gekochten Speisen als pfeffrige Note beifügen
45 Min. bei 190 °C (mit Schalen)/ 30 Min. (geschnitten)	Ja (dünn geschnitten)	Roh, gehackt oder püriert	Zu kurz Eingelegtem hinzufügen
4–5 Min. bei 210 °C (2-cm-Scheiben)	Ja (2 cm dicke Scheiben)	Blanchiert, trocken tupfen	Zutaten vor dem Kochen mit Blättern umwickeln
40 Min. bei 200 °C (3-cm-Stücke)	Ja (gerieben)	Blanchiert, trocken tupfen	Wie Kartoffeln garen
15–20 Min. bei 200 °C	–	Blanchiert	Vor dem Kochen putzen

Zutat (pikant)	**Geschmack**	**Roh**	**Blanchiert**	**Gedämpft**	**Verkohlt**
Stangensellerie B/C	Salzig	Ja	3 Min.	4–5 Min.	–
Steckrüben A	Süß	Kraut	2 Min. (2-cm-Würfel, zum Einfrieren)	25 Min. (2-cm-Würfel)	5 Min. (gewürfelt, erst blanchieren)
Tomaten A/B	Sauer	Ja	30 Sek. bis 1 Min. (ganz)	–	3 Min. (ganz, bis die Schale schwärzlich wird)
Topinambur B	Cremig*	Ja (sehr dünn geschnitten	2 Min. (dünn geschnitten)	10 Min. (dünn geschnitten)	10 Min. (dünn geschnitten)
Wildknoblauch B/C	Würzig/bitter	Ja	1 Min.	–	4 Min.
Winterkürbisse A	Süß	Junge Blätter	10–15 Min. (3-cm-Würfel, geschält)	25 Min. (2-cm-Würfel)	25 Min. (2-cm-Würfel)
Zucchini B	Cremig*	Ja (wenn jung)	3–5 Min. (1 cm dick)	5 Min. (in Scheiben)	8 Min. (1-cm-Scheiben)
Zwiebeln A	Süß	Ja (dünn geschnitten)	–	15–20 Min. (halbiert)	25 Min. (in Scheiben)

Kräuter (mehrjährig)	**In Öl gelegt**	**Roh** (roh serviert)	**Zutat für Pesto**	**Anmerkungen**
Minze	Ja (klein hacken)	Ja	Ja	
Oregano	Ja (klein hacken)	Ja	Ja	Nur Blätter verwenden
Rosmarin	Ja	Ja	Ja	Nur Blätter verwenden, Blätter und holzige Triebe in Öl einlegen
Schnittlauch	Ja (klein hacken)	Ja	Ja	Auch die Blüten lassen sich gut einlegen
Thymian	Ja	Ja	Ja	Nur Blätter verwenden, Blätter und holzige Triebe in Öl einlegen
Zitronenmelisse	Ja (klein hacken)	Ja	Ja	Gut zu Braten. Nur Blätter verwenden
Zitronenverbene	Ja (klein hacken)	Ja	Ja	Gut mit Knoblauch. Nur Blätter verwenden

Gebraten (in etwas Öl oder Butter)	Kurz eingelegt	Portioniert eingefroren (in der Regel bis zu 6 Monate)	Anmerkungen
20–25 Min. bei 180 °C	Ja (in Stücken)	Roh oder blanchiert, gehackt (Blätter entfernen)	Blätter schmecken angenehm bitter
30 Min. bei 200 °C (2-cm-Würfel)	Ja (gerieben)	Blanchiert, trocken tupfen	Wie Kartoffeln garen
1 Std. bei 160 °C (halbiert oder ganz)	Ja (Flüssigkeit heiß hinzufügen)	Überbrühen, um Schale zu entfernen, dann ganz oder püriert	Gut auf getoastetem Brot mit Knoblauch, Olivenöl und Salz
35–40 Min. bei 180 °C (ganz oder halbiert gebraten)	–	Blanchiert	Kann roh gegessen Blähungen verursachen
4 Min. vor dem Servieren anderen gebratenen Gerichten hinzufügen	Ja	Püriert in Pesto	2 Min. vor dem Servieren in Gerichte geben
35 Min. bei 190 °C (2-cm-Würfel	–	Geschält und parboiled	Winter- und Sommerkürbisse werden auf die gleiche Weise zubereitet
20 Min. bei 190 °C (längs schneiden)	Ja (in heißer Flüssigkeit)	Blanchiert o. gebraten und püriert	Blüten ebenfalls essbar
50 Min. bei 190 °C (ungeschält/ 30 Min. (geschnitten)	Ja (dünn geschnitten)	Roh, gehackt oder püriert	Zu kurz Eingelegtem hinzufügen

Kräuter (einjährig)	In Öl einlegen	Roh (roh servieren)	Zutat für Pesto	Anmerkungen
Basilikum	Ja (klein hacken)	Ja	Ja	
Borretsch	Ja (klein hacken)	Ja	Ja	Blüten haben Gurkengeschmack
Dill	Ja (klein hacken)	Ja	Ja	Blätter, Blüten und Samen verwenden
Koriander	Ja (klein hacken)	Ja	Ja	Blätter, Blüten und Samen verwenden
Petersilie	Ja (klein hacken)	Ja	Ja	Blätter, Blüten und Samen verwenden

Salate

Etliches aus dem eigenen Garten lässt sich zu belebend frischen, knackigen Salaten verarbeiten. Gerade weil sich so viele Kräuter und Gemüse dafür eignen, werden Salate nie langweilig.

Gesunde, leckere Salate zu kreieren, macht viel Spaß. Gerade das Dressing ist ein Kinderspiel – wie Sie es optimal hinbekommen, erfahren Sie auf S. 164. Ich verrate Ihnen auch, wie Sie Zutaten aufbereiten, die Salat eine zusätzliche Geschmacksdimension geben. Wenn Sie genau wissen wollen, was in Salate wandern kann, sehen Sie sich die Geschmackstabelle auf S. 156–161 an. Mit Kräutern und Blüten bringt man weitere Geschmacks- und Farbnoten ins Spiel.

METHODEN

Bleiben Sie kreativ und bereichern Sie Ihre Salate mit abwechslungsreichen Zutaten und besonderen Texturen, etwa gedünstetem frischem Gemüse, aber auch mit Getreide, Nüssen und Brot.

Roh und gehackt

Bei rohen Salaten ist es wichtig, die Frische und knackige Konsistenz der Zutaten zu erhalten. Kopfsalat, Möhren, Radieschen, Kohl und Gurke schmecken frisch geerntet und sofort serviert am besten. Machen Sie den Salat erst kurz vor dem Verzehr an, da Essigsäure ein Weichmacher ist, der die knackige Frische zerstört.

Gedämpft und blanchiert

Beide Zubereitungsmethoden optimieren den Nährstoffgehalt von Selbstgezogenem. Sie können einen Dämpfer improvisieren, indem Sie ein Sieb auf einen Topf mit kochendem Wasser setzen, Gemüse wie Blumenkohl hineingeben und alles abdecken. Beim Blanchieren wird Gemüse kurz in gesalzenes, kochendes Wasser getaucht. Danach schreckt man es mit kaltem Wasser ab, um Textur, Geschmack und Farbe zu bewahren. Durch Zugabe von Salz (1 EL auf 400 ml Wasser) erhöht sich der Mineraliengehalt des Wassers, was verhindert, dass das Gemüse wichtige Nährstoffe verliert.

Verkohlt und gebraten

Wer Gemüse wie Porree (rechts) und Brokkoli bewusst verkohlen lässt, gibt ihm Tiefe und eine Rauchnote, während es im Inneren nur leicht gedämpft ist. Dazu

stellt man eine gusseisere Pfanne auf den Herd und gibt, sobald sie sehr heiß ist, Gemüse direkt hinein, lässt es dort, bis es schwarz und außen knusprig ist, wendet es und wiederholt die Prozedur. Das Braten in Öl im Backofen, etwa von Tomaten, Auberginen und Wurzelgemüse, spaltet Zucker auf und intensiviert den Geschmack. Wer Salaten etwas Pfiff geben will, dem empfehle ich, Grünkohl zu Chips zu braten.

Kurzes Einlegen

Das Einlegen ist nicht nur dazu da, Gemüse haltbar zu machen, es verleiht ihm auch einen komplexeren Geschmack und gibt Gerichten eine säuerliche, schwungvolle Note. Alles in der Geschmackstabelle lässt sich einlegen, indem man es mit einer Mandoline oder einem Gemüseschneider sehr dünn schneidet und dann in die Flüssigkeit legt. Auf 400–500 g Gemüse kommen 250 ml Essig, 250 ml Wasser, 100 g Zucker und 1 TL Salz pro 1,5-l-Glas, außerdem Gewürze und Kräuter. Das Ganze stellt man in den Kühlschrank. Verzehrbereit ist es nach einer Stunde, doch schmeckt es kräftiger und ist ganz durchgezogen, wenn man es 24–48 Stunden stehen lässt. Das Eingelegte ist eine Woche haltbar.

Weitere Zutaten

Aufpeppen lassen sich Salate auch mit Getreide

und Hülsenfrüchten wie Quinoa, Gerste, Couscous oder gemischten, gekochten Bohnen. Käse macht sie pikanter und mit Nüssen bringt man Biss ins Spiel. Auch eine Gewürzmischung (siehe S. 170) kann eine Bereicherung sein. Das gilt ebenso für Kohlenhydrate, etwa geröstetes Brot.
Wer eine größere Truppe verköstigen muss, kann Salat immer mit gekochten Nudeln Volumen geben, die man in etwas Öl schwenkt, damit sie nicht zu trocken werden.
Ich habe die folgenden Rezepte in Sommer- und Frühlingssalate unterteilt. Sie zeigen, wie vielseitig Salate sein können.

Dressing
Die besten Salatdressings bestehen aus zwei Zutaten: ein Drittel Essig und zwei Dritteln Öl. Wie alle simplen Rezepte stehen und fallen sie mit der Qualität ihrer Zutaten. Jeder Essig ist anders, vom lebendigen Apfelessig bis zum kräftigen, fruchtigen Balsamico. Legt man Zutaten mit intensivem Geschmack in Essig ein, etwa die Blüten von Kapuzinerkresse oder Lauch, sorgen sie ebenfalls für Geschmack und Aroma. Öle wiederum können pfeffrig, buttrig und sogar »wiesenartig« sein. Sie sind zudem ausgezeichnete Träger aromatischer Kräuter wie Rosmarin und Thymian.

SOMMERSALATE

Machen Sie mit diesen beiden leckeren Schönwettersalaten das Beste aus Ihrem Sommergemüse.

Brot-Tomaten-Salat

Dieser Salat lässt sich kalt oder warm genießen. Er hat eine säuerliche, pikante Note und schmeckt vor allem nach mehr.

2 Portionen

- 4 dicke Scheiben Brot
- 5 EL Olivenöl
- Salz und Pfeffer nach Belieben
- 3 frische Thymianzweiglein
- 8–9 große Tomaten
- 2 Knoblauchzehen, dünn geschnitten
- 1 EL Balsamico-Essig

Nach Belieben

- Frisches Basilikum

1. Herd auf 180 °C vorheizen. Brot in 2 cm große Würfel schneiden, auf einem Backblech verteilen und mit dem Olivenöl beträufeln. Mit Salz und Pfeffer abschmecken, dann Thymianzweiglein darauflegen und 25 Min. braten, bis das Brot trocken und knusprig ist.

2. Tomaten auf dem Brot verteilen und leicht mit einem Holzlöffel zerdrücken, um die Schale zu öffnen. Knoblauch dazugeben, Backblech in den Herd schieben und noch einmal 20 Min. bei 200 °C braten. Alles in einer Schüssel mit einem Spritzer Balsamico-Essig und zerkleinertem frischem Basilikum servieren.

Salat aus kurz eingelegten Gurken mit Pilzen

Dieser säuerliche, süße Salat wird am besten kalt als Beilage serviert. Er eignet sich bestens zum Verwerten von Gurkenüberschüssen.

2 Portionen

- 200 ml kaltes Wasser
- 1 Prise Salz
- ½ TL grüne Koriandersamen
- 80 g Rohrzucker
- 200 ml Apfelessig
- 1 große Gurke
- 200 g Shiitake-Pilze
- 1 TL geröstetes Sesamöl
- 1 TL Sesam
- 6–7 Erbsensprossen

1. Wasser, Salz, Koriandersamen, Zucker und Essig langsam in einem Topf erhitzen, bis sich das Salz und der Zucker vollständig aufgelöst haben. Vom Herd nehmen und abkühlen lassen. Unterdessen die übrigen Zutaten vorbereiten.

2. Gurke und Pilze mit einem Messer oder einer Mandoline dünn schneiden und in einen luftdicht verschließbaren Behälter geben. Einlegeflüssigkeit darübergießen, Deckel schließen und 1–3 Std. in den Kühlschrank stellen.

3. Salat mit Sesamöl und Sesam anmachen und mit Sprossen garniert servieren.

FRÜHJAHRSSALAT

Mit diesem cremigen Salat (unten) bringt man den Geschmack frischer Frühkartoffeln bestens zur Geltung.

Salat mit gedämpften Kartoffeln, saurer Sahne und Frühlingszwiebeln
Frühlingszwiebeln bereichern den Salat um eine angenehm frische Note, aber auch Schnittlauch und Bärlauch eignen sich.

2 großzügige Portionen

800 g kleine oder frühe Kartoffeln, halbiert

3 frische Rosmarinzweiglein

100 ml saure Sahne

1 TL körniger Senf

3 Frühlingszwiebeln, in dünne Scheiben geschnitten

2 EL pfeffriges Olivenöl

Salz und Pfeffer zum Abschmecken

1. Kartoffeln und Rosmarin über 500 ml kochendem Wasser 12–15 Min. dämpfen.

2. Rosmarin entfernen und Kartoffeln in einer Schüssel 20 Min. abkühlen lassen.

3. Saure Sahne, Senf und Zwiebeln mischen und über die Kartoffeln gießen. Vor dem Servieren mit Olivenöl beträufeln.

Suppen

Fast alle Gemüse aus dem Garten kann man in nahr- und schmackhafte Suppen verwandeln. Suppen bieten sich immer an, wenn man Überbleibsel verwerten möchte oder etwas vollständig erntet, etwa Tomaten. Portioniert lassen sich Suppen gut bis zu sechs Monate lang einfrieren.

Suppen bereite ich in fünf Schritten zu. Die hier sind bäuerlich-ländlich und schmackhaft, weshalb ich oft die Schale am Gemüse lasse. Sobald Sie die fünf Schritte verinnerlicht haben, können Sie einen Blick in die Geschmackstabelle (S. 156–161) werfen und nach Herzenslust experimentieren.

1. Mit den Aromagebern beginnen

Sie sind die Basis von Suppen. Zu ihnen gehören Zwiebeln, Knoblauch, Sellerie (links), Möhren und Paprika. Wählen Sie 2–3 aus und braten Sie sie 20 Min. in Butter an, um ihren Geschmack freizusetzen. Wer ganze Gewürze oder mehrjährige Kräuter verwendet, etwa

Rosmarin und Thymian, gibt sie in diesem Schritt dazu.

2. Ablöschen
Dieser wichtige Schritt hebt den Geschmack. Löschen Sie sautierte Zutaten nach dem Anbraten mit einem Spritzer Essig oder Wein ab und reduzieren Sie anschließend die Flüssigkeit. Die Mischung verliert durch Verdunstung Wasser und wird konzentriert. Ich verwende für Rote-Bete-Suppen Rotwein oder Rotweinessig. Mit Weißwein- oder Apfelessig löscht man Zutaten für Suppen mit cremigen oder weißen Zutaten ab.

3. Hauptzutaten und Brühe hinzufügen
Hauptzutaten dominierenden den Geschmack. Meist handelt es sich um Gemüse, das in größeren Mengen anfällt, etwa Tomaten, Porree und Kartoffeln. In diesem Stadium kann man auch Getreide und Hülsenfrüchte hinzufügen, um das Volumen und den Nährwert zu erhöhen. Wählen Sie 1–3 Hauptzutaten, geben Sie Brühe dazu und decken Sie den Topf ab. Die besten Brühen sind hausgemacht und entstehen durch zweistündiges Köcheln von Gemüseresten mit Gewürzen, Wasser und Salz. Man kann aber auch Brühepulver kaufen.

4. Mit Frischem aufwerten
Viele frische Zutaten reagieren empfindlich auf hohe Temperaturen, etwa Blattkräuter, Mangold und Zuckererbsen. Geben Sie sie immer erst 1–2 Min. vor dem Servieren dazu (vor oder nach dem Pürieren). So kann ihnen die Restwärme ihren Geschmack entlocken.

5. Abrunden
Sobald der Hauptgeschmack feststeht, wird es Zeit für einen zweiten, ergänzenden, damit die Suppe auch wirklich etwas Besonderes wird. Ein Spritzer Sahne tariert eine säuerliche Tomatensuppe aus, während Weichkäse ein Gegengewicht zur Bitternote von Kohl bildet.

REZEPTE

Die folgenden Rezepte ergeben rund 15 Portionen.

Porree-Kartoffel-Suppe

Ein sehr schmackhaftes Wintergericht mit gerade genug Weißwein, um das Miso zu unterstreichen.

- 2 Zwiebeln, gehackt
- 1 Möhre, gehackt
- 2 Stangen Sellerie, gehackt
- 1 EL gesalzene Butter
- 90 ml Weißwein
- 2 Knoblauchzehen, zerdrückt
- 2 kg Kartoffeln, gewürfelt
- 2 Speiserüben oder ½ Steckrübe, gewürfelt
- 2 EL körniger Senf
- 2 TL süßes weißes Miso
- Salz und schwarzer Pfeffer

Gemüsebrühe

2 Stangen Porree (mit Grün), fein gehackt

Nach Belieben

Gehackte Petersilie, kurz vor oder nach dem Mischen hinzugefügt

Die gehackten Aromageber (Zwiebeln, Möhren, Sellerie) in Butter anbraten, dann den Wein und Knoblauch dazugeben. Wenn der Wein reduziert ist, die übrigen Zutaten außer dem Porree hinzufügen. Brühe darübergießen und köcheln, bis die Kartoffeln weich sind. Dann den Porree hinzufügen, abschmecken und die Suppe pürieren.

Tomatensuppe
Eine Suppe mit säuerlichen und Umami-Noten (rechts). Gut zu Tomaten passt Sommergemüse wie Auberginen und Zucchini. Die Suppe kann man auch kalt essen.

2 Zwiebeln, gehackt

2 Möhren, gehackt

2 Paprika, entkernt

2 EL Olivenöl

100 ml Rotweinessig

3 kg frische Tomaten (mit Schale)

3 Knoblauchzehen, zerdrückt

2 TL geräuchertes Paprikapulver

1–2 frische Chilis (für mehr Schärfe mit Samen)

2 EL Sojasoße

schwarzer Pfeffer

Gemüsebrühe

Servieren mit

1 Spritzer Schlagsahne

frischem Basilikum

Nach Belieben

500 g Sommergemüse, etwa Auberginen oder Zucchini

500 g rote Linsen

Frischer Thymian oder Rosmarin

Zwiebeln, Möhren und Paprika 20 Min. in Öl anbraten, dann mit dem Essig ablöschen und reduzieren, bis der Saft zähflüssig ist. Die ganzen Tomaten mit dem Knoblauch und den restlichen Zutaten hinzufügen (einschließlich beliebiger Ingredienzen). Mit Brühe abdecken und 25–30 Min. köcheln lassen. Pürieren oder stückig lassen und mit Sahne und/oder frischem Basilikum servieren.

TIPP
Croutons für Suppen macht man, indem man altes Brot in kleine Stücke schneidet, in Öl, Salz und Thymian schwenkt und im Ofen röstet. Man kann Croutons mit in die Tomatensuppe pürieren, damit sie cremiger wird.

Udon-Brühe
Die Mischung aus Essig, Soja und Worcestersoße eignet sich auch gut zum Abschmecken von Pfannengerichten.

900 g Pilze, geviertelt

2 EL Rapsöl

3 Zwiebeln, gehackt

6 Möhren, gehackt

6 Stangen Sellerie, gehackt

3 EL Sojasoße

5 EL Apfelessig

2,5 cm Ingwerwurzel, geschält und dünn geschnitten

3,5 l Gemüsebrühe

2 Zucchini (mit Blüten), gehackt

90 g Zuckererbsen

1 Handvoll Asia-Gemüse

3 EL Worcestershiresoße

Servieren mit

2–3 EL Kimchi

2 Radieschen, dünn geschnitten

2 Frühlingszwiebeln, dünn geschnitten

150 g Udon-Nudeln pro

Person (oder gekochte und gewürfelte Kartoffeln)

Nach Belieben

1 EL Honig

Pilze kurz in heißem Öl anbraten, bis sie goldgelb sind, dann Hitze reduzieren und Zwiebeln, Möhren, Sellerie, Sojasoße, Essig und Ingwerwurzel dazugeben. Sobald die Soße reduziert ist, Brühe hinzufügen. 30 Min. köcheln lassen, dann die restlichen Zutaten dazugeben, ggf. auch den Honig. Nach 5 weiteren Min. in Schüsseln gießen, Kimchi dazugeben und mit den Radieschen und Frühlingszwiebeln garnieren.

Kohl-Ziegenkäse-Suppe
In dieser Wintersuppe wird der bittere Kohl mit Weichkäse austariert. Im Sommer kann man auch geschossten Kopfsalat verwenden, der seine Süße verloren hat.

2 Zwiebeln, gehackt

2 Möhren, gehackt

3 Stangen Sellerie, gehackt

30 g gesalzene Butter

200 ml Weißwein

2 große Kartoffeln, gewürfelt

3 Knoblauchzehen, zerdrückt

2 EL körniger Senf

3,5 l Gemüsebrühe

150 g Buschbohnen, gekocht

2 kg Blätter eines beliebigen Kohls, gehackt

350 g Ziegenweichkäse

Salz und schwarzer Pfeffer

Zwiebeln, Möhren und Sellerie in Butter anbraten, dann mit Weißwein ablöschen. Gewürfelte Kartoffeln, Knoblauch, Senf und Brühe dazugeben und 30 Min. köcheln. Bohnen, gehackte Kohlblätter und Ziegenkäse hinzufügen. Abschmecken, dann cremig pürieren.

Currys

Gewürze geben klassischem Gartengemüse eine zusätzliche Note, Farbe und Pfiff. Mit »würzig« meine ich duftend statt scharf. Gewürze haben aromatische Bestandteile, die fantastisch riechen und schmecken und selbst einfachsten Speisen Komplexität verleihen.

GEWÜRZMISCHUNGEN

Diese Mischungen sind ausgesprochen vielseitig. Mit ihnen kann man Suppen, Soßen und Eingelegtes aufwerten. Meine Rezepte sind für größere Mengen gedacht, die in 300-g-Gläser passen – so hat man einen Vorrat, der eine Weile reicht. Das Glas muss luftdicht verschließbar sein und darf nicht in der Sonne stehen. Sie sollten die Mischungen binnen sechs Monaten aufbrauchen, doch halten sie jahrelang. Kaufen Sie die Gewürze ganz und mahlen Sie sie erst vor dem Einlagern oder Verwenden.

Allzweckgewürzmischung
Diese Allroundmixtur (im Bild unten rechts) eignet sich für alle Currys und ist ein perfekter Geschmacksbooster für Suppen, kann aber auch als Grillmarinade eingesetzt werden, die auf Grillgut gestreut und eingerieben wird.

4 EL Paprikapulver (süß oder geräuchert)

3 EL Koriandersamen

3 EL Kreuzkümmelsamen

- 2 EL Currypulver (mild oder scharf)
- 2 EL Kurkuma, gemahlen
- 1 TL Garam Masala
- 1 TL schwarzer Pfeffer, frisch gemahlen
- 1 TL Chilipulver
- 1 TL Zwiebelpulver
- 1 TL Knoblauchflocken

Panch Phoron
Bockshornklee, Schwarzkümmel und Fenchel geben dieser pikanten Mischung (Bild S. 170, oben links) einen erdigen, bitteren Geschmack. Panch Phoron ist Bestandteil der klassischen bengalischen Küche, etwa von Saag Aloo. Die Samen werden vor dem Mixen im Mörser zerkleinert.

- 4 EL Kreuzkümmelsamen
- 4 EL Weißer-Senf-Samen
- 4 EL Fenchelsamen
- 4 EL Schwarzkümmelsamen
- 2 EL Bockshornkleesamen*

*Ist die Mischung zu bitter, die halbe Menge nehmen.

Baharat
Eine rauchig-fruchtige, süße Gewürzmischung aus dem Nahen Osten. Sie passt perfekt zu Tomatengerichten, Fleisch und Hummus. Die Kardamomhülsen werden aufgebrochen, die Samen zerstoßen und dann zu den anderen Gewürzen gegeben.

- 4 EL Kreuzkümmel, gemahlen
- 2 EL schwarzer Pfeffer, gemahlen
- 2 EL Koriandersamen, gemahlen
- 1 EL Muskatnuss, gemahlen
- 1 EL Zimt, gemahlen
- 2 TL Pimentpulver
- 2–3 Kardamomkapseln
- 1 TL Gewürznelken

Shichimi Togarashi
Meine Variante der klassischen japanischen Gewürzmischung setzt ein nussiges, wärmendes Zitrusaroma frei. Zuerst werden die Sesamsamen im Ofen bei 180 °C 10 Min. lang geröstet. Die Orangenschale lässt man entweder natürlich trocknen (dauert 2–3 Wochen) oder dörrt sie 1 Stunde im Ofen bei 140 °C.

Alle Zutaten werden grob im Mörser zerstoßen, dann in der Küche verwendet oder auf fertige Speisen gestreut. Schmeckt auch super auf Popcorn.

- 4 EL Sesamsamen
- Schale einer Orange
- 2 EL Chiliflocken
- 2 EL getrockneter Seetang (Dulse oder Nori)
- 3 TL schwarze Pfefferkörner
- 1 EL Mohnsamen
- 1 TL Ingwer, gemahlen

CURRYSOSSEN

Hier sind zwei Currysoßenrezepte für den Sommer und den Winter. Ich verwende dafür eine Kombination der Gewürzmischungen.

Sommerliche Tomaten-Curry-Soße

Sie enthält drei Gewürzmischungen, außerdem frische Tomaten und gewürzten Joghurt, und passt gut zu einem Gartengemüsemix. Die empfohlene Menge reicht für 400 g Wurzelgemüse, 300 g Pilze oder gegarte grüne Bohnen und 250 g Blattgemüse.

3–4 Portionen

- 2 TL Panch Phoron
- 3 Knoblauchzehen, zerdrückt
- 200 ml Naturjoghurt
- 3 EL Rapsöl
- 1 Zwiebel, gewürfelt
- 2 Knoblauchzehen, zerdrückt
- 2 EL Butter
- 1 EL Allzweckgewürz
- 1 TL Baharat
- 100 ml Brühe/Wasser
- 400 g Tomaten, gehackt
- 1 TL Meersalz

1. Panch Phoron und 3 Knoblauchzehen in den Joghurt mischen. Min. 1 Std. in den Kühlschrank stellen.

2. 1 EL des Öls in eine große Bratpfanne geben und die Zwiebel bei mittlerer Hitze glasig anbraten, dann 2 Knoblauchzehen hinzugeben und weitere 3 Min. garen.

3. Die Butter in die Pfanne geben und das Allzweckgewürz sowie das Baharat darin 30–40 Sek. rösten, bis es intensiv riecht. Brühe, Tomaten und Salz dazugeben und 30 Min. reduzieren.

4. Das Gemüse zur Soße geben und köcheln lassen, bis das Gemüse gar ist.

5. Mit Naan, Reis und einer Schale gewürztem Joghurt als Beilage servieren.

Winterliche Kokos-Curry-Soße

Diese Soße (rechts) unterstreicht das Wintergemüse aus dem Garten. Sie passt hervorragend zu Kürbissen, winterlichem Blattgemüse und Bohnen aus der Dose. Das Shichimi Togarashi erwacht erst so richtig zum Leben, wenn es in die Kokosmilch gemischt wird. Für diese Soßenmenge braucht man insgesamt 600 g Blattgemüse, stärkehaltiges Gemüse und Bohnenkerne.

3–4 Portionen

- 1 Zwiebel, gewürfelt
- 2 Knoblauchzehen, zerdrückt
- 1 EL Olivenöl
- 1 Prise Salz und frisch gemahlener Pfeffer
- 1 TL Allzweckgewürzmix
- 1 TL Sojasoße
- 1 TL Yuzu-Saft oder Zitronensaft zum Abschmecken
- 150 ml Brühe oder Wasser
- 400 ml Kokosmilch
- 2,5 cm frischer Ingwer, geschält und gerieben
- 1 TL körniger Senf
- 2 EL Shichimi Togarashi

1. Die Zwiebeln und den Knoblauch bei schwacher Hitze in Olivenöl glasig anbraten. Mit Salz und Pfeffer würzen.

2. Die Allzweckgewürzmischung zugeben und 1 Min. bei schwacher Hitze braten, dann Sojasoße und Yuzu-Saft oder Zitronensaft hinzufügen. Kurz reduzieren, bis alles zähflüssig ist.

3. Brühe und Kokosmilch mit den restlichen Zutaten dazugeben. Aufkochen und 12 Min. kochen lassen.

4. Das Gemüse zur Soße geben und köcheln lassen, bis das Gemüse gar ist.

5. Mit einer Prise Shichimi bestreuen und mit Reis servieren.

Würzsoßen

Dazu zähle ich Soßen, Dips und Pürees. Sie sind die Geheimwaffen des Kochs und eignen sich auch hervorragend als Beilagen. Die folgenden Würzsoßen von Ketchup bis Pesto lassen sich gut an verschiedene Gartengemüse und Kräuter anpassen und meist auch einfrieren.

Ketchup
Alle Wurzelgemüse oder Aromageber, die in großer Zahl anfallen, lassen sich mit diesem Rezept verwerten. Ketchup (links) ist sechs Monate haltbar und kann daher auch außerhalb der Saison genossen werden. Wenn man es als Grillsoße nutzen will, gibt man beim Kochen jeweils 3 EL Allzweckmischung und Baharat dazu (siehe S. 170–171).

Ergibt 3,5 l

- 900 g Gemüse, auch Blätter
- 2 kg Tomaten
- 1 Zwiebel, gehackt
- 5 Knoblauchzehen, fein gehackt
- 700 ml Wasser
- 2 frische Chilis
- 2 EL geräuchertes Paprikapulver
- 4 Gewürznelken, gemahlen
- 2 EL Sojasoße
- 1 EL Salz
- 1 TL schwarzer Pfeffer, frisch gemahlen
- 150 g Demerara-Zucker
- 400 ml Rotwein-, Malz- oder Sherryessig

Das Gemüse waschen, vorbereiten und in einen großen Topf geben. Alle anderen Zutaten außer dem Zucker und Essig hinzufügen. Aufkochen, dann köcheln lassen, bis es um die Hälfte reduziert ist. Die dabei entstehende

Soße in eine Küchenmaschine geben und pürieren, dann durch ein feines Sieb passieren und wieder in den Topf geben. Essig und Zucker hinzufügen und köcheln lassen, bis die Soße glänzend ist (10–15 Min.). Solange sie noch kochend heiß ist, in sterilisierte Flaschen gießen. Sie ist bis zu sechs Monate haltbar. Nach dem Öffnen in den Kühlschrank stellen und binnen sechs Wochen verbrauchen.

Pesto
Für diese Nudelsoße (oben) weiche Kräuter mit Gewürzen und Knoblauch, dann mit Hartkäse und gerösteten Nüssen, Salz und Olivenöl mischen. Der Klassiker ist Basilikum, aber an seiner Stelle kann man auch Rucola, jungen Grünkohl, Möhrenkraut, Petersilie und Koriander nehmen.

- 90 g geriebenen Parmesan/alternativ geröstete Haselnüsse
- 100 g weiche Kräuter
- 50 g Blattgemüse
- 2 TL körniger Senf
- 3 Knoblauchzehen, geschält
- 250 ml Olivenöl
- Saft einer Zitrone
- 1 Prise Salz (bei Verwendung von Haselnüssen)

Haselnüsse bei mittlerer Hitze in einer Pfanne anrösten (falls sie anstelle von Käse verwendet werden). Mit allen Zutaten in einer Küchenmaschine mixen. Das Pesto ist in einem luftdicht verschließbaren Behälter eine Woche im Kühlschrank haltbar oder lässt sich bis zu 6 Monate einfrieren. Ich bereite das Pesto einen Tag im Voraus zu, damit sich der Geschmack entwickelt.

Dip
Dieses Rezept orientiert sich an Hummus. Man kann Wurzel- oder Blattgemüse verwenden.

- 2 EL Kreuzkümmelsamen
- 800 g gekochte Kichererbsen/Feuerbohnen/Weiße Bohnen
- 400 g rohe Rote Beten/Möhren, gerieben
- 270 g Babyspinat oder Bärlauch
- 200 g leichte Tahin-Soße
- Saft von 2 Zitronen
- 4 Knoblauchzehen, geschält
- 2 TL Salz
- 60 ml Olivenöl

Kreuzkümmelsamen in einer Pfanne rösten, bis sie duften, dann beiseite stellen. Alles außer dem Öl in einer Küchenmaschine cremig mixen, die gerösteten Samen dazugeben und Öl hineinträufeln, während die Maschine noch läuft. Hält im Kühlschrank luftdicht verschlossen eine Woche, eingefroren bis zu 6 Monate.

Püree
Stärkehaltiges Gemüse oder eine 2er- bis 3er-Mischung würfeln und in Salzwasser garen. Abgießen und mit Kräutern nach Wahl pürieren. Pürierter Kürbis etwa schmeckt gut mit Rosmarin. Abschmecken und Wasser, Sahne oder geschmolzene Butter dazugeben, bis die Konsistenz stimmt. Ist das Püree zu dünn, reduzieren. Eingefroren bis zu sechs Monate haltbar.

Teig für Pie & Co. – schnell gemacht

Dieser herzhafte Teig für Pies, Tartes & Co. ist blitzschnell zubereitet. Er kann mit frischem Gartengemüse oder Überbleibseln gefüllt werden. Das Gebäck lässt sich gut einfrieren und ist tiefgekühlt sechs Monate haltbar. Man spart also Zeit, wenn man etwas mehr macht.

Für 1 große Pie, 2 Tartes oder 6 Pastetchen

160 ml Wasser

150 g Butter

480 g Mehl und etwas zum Bestäuben

1 Prise Salz

Nach Belieben

½ TL Weißweinessig, um die Frische zu bewahren

1. Wasser und Butter langsam in einem kleinen Topf erhitzen, bis die Flüssigkeit kocht. Mehl und Salz in eine große Schüssel geben und vermischen.

2. Wasser und geschmolzene Butter zusammen mit dem Essig (falls verwendet) in die Schüssel mit dem Mehl gießen. Alles gut mit einem Löffel vermischen.

3. Arbeitsfläche leicht mit Mehl bestäuben und den Teig daraufgeben. Sobald er etwas abgekühlt ist, leicht kneten, bis das trockene Mehl gut eingearbeitet ist.

4. Den Teig 5 mm dick ausrollen und so portionieren, dass er in die Formen passt. Schnell arbeiten: Der Teig lässt sich leichter formen, solange er noch warm ist.

5. Für Pastetchen: Einen Kreis von etwa 25 cm formen und Füllung in die Mitte geben. Die Ränder des halben Teigkreises mit Wasser oder Milch bestreichen, über die andere Hälfte klappen und Kanten zusammendrücken. **Für Pies:** Die Füllung hineingeben, den Rand mit Wasser oder Milch bestreichen, den Deckel darauflegen und Ränder zusammendrücken, um sie zu schließen. **Für Tartes und Quiches:** 3 Eier mit 500 ml Sahne mischen und zum ausgewählten Gartengemüse bzw. Käse geben.

6. Ofen auf 190 °C vorheizen, dann die Oberseite der Pie oder Pastetchen mit Milch oder Eierglasur (2 EL kaltes Wasser, mit Eigelb gemischt) bestreichen. Pastetchen 40 Min., eine große Pie 50 Min. backen.

Um zusätzliche Geschmackskomponenten hinzuzufügen, Pies vor dem Backen mit Sesam, zerstoßenen Pfefferkörnern, geriebenem Käse oder geräuchertem Paprikapulver bestreuen.

Größere Portionen backen und einfrieren

Bereitet man größere Mengen für das Einfrieren zu, empfehle ich, die gefüllten, aber noch nicht gebackenen Pies oder Pastetchen mit Eiglasur oder Milch zu bestreichen, damit der Teig nicht austrocknet oder reißt. Danach legt man Backpapier darauf und stapelt sie in einem luftdicht verschließbaren Behälter übereinander. Das Backpapier verhindert ein Zusammenkleben, sodass sie sich in gefrorenem Zustand leichter voneinander trennen lassen. Tartes und Quiches werden zuerst gebacken und dann portionsweise eingefroren. Zum Backen aus dem Gefrierfach die Pies, Pastetchen und Quiches in luftdichte Behälter geben und 12 Stunden im Kühlschrank auftauen lassen. Wer es eilig hat, kann Pies oder Pastetchen auch direkt aus dem Gefrierschrank zubereiten. Sie werden wie frische Pies gebacken.

Tipp

Für eine schnelle, unkomplizierte Füllung 4 Teile leicht gedünstetes Gemüse/gekochte Bohnen/Pilze mit 1 Teil Püree/Ketchup/Bratensoße/geriebenem Käse/Curryresten mischen.

Focaccia ohne Kneten

Frisches, selbst gebackenes Brot schmeckt fantastisch und füllt die Küche mit einem wundervollen Aroma. Doch es wird noch besser: Diese simple Focaccia kommt ohne das zeitraubende Kneten des Teigs aus. So lässt sich das Backen sogar an einem hektischen Tag organisieren.

Wer sein Brot selbst backt, weiß, was drin ist – ganz im Gegensatz zu teuren Laiben aus dem Handel, die oft Konservierungsstoffe und Rieselhilfen enthalten. Meine knetfreie Version der italienischen Focaccia ist vollgepackt mit natürlichen Geschmacksnoten und frischem Sommergemüse. Suchen Sie sich aus Ihrem Garten aus, was dazu passt, schneiden Sie es in Scheiben und geben Sie vielleicht noch Nüsse oder Samen dazu.

Für 1 großes oder 2 kleinere Backbleche

800 g kräftiges Brotmehl (weiß oder Vollkorn)

640 ml kaltes Wasser

1½ TL Meersalz

1 TL Trockenhefe

1. Alles abmessen, dann sämtliche Zutaten in einer großen Schüssel mischen, abdecken und mindestens 6 Std. in den Kühlschrank stellen (aber binnen 24 Stunden verbrauchen).

2. 1 Std. vor dem Backen die Schüssel aus dem Kühlschrank nehmen, Teig mit einem Silikonschaber von den Rändern lösen und dabei überschlagen (rechts oben). Ist er zu steif, 15 Min. warm werden lassen, dann überschlagen. 30 Min. stehen lassen.

3. Das Backblech mit etwas Öl bestreichen und den Teig darauf heben. Dabei den Teig mit beiden Händen nehmen und auseinanderziehen, sodass das Gewicht den Teig dehnt und er durchhängt. Teig formen, glatt streichen und in die Ecken schieben. Oberseite mit Öl bestreichen und weitere 20–30 Min. ruhen lassen.

4. Leicht mit den Fingern auf den Teig drücken. Wenn die Delle zur Hälfte zurückfedert, ist er backbereit.

5. Hände einölen und Finger überall in den Teig drücken, sodass große Blasen und Rillen entstehen. Das Gemüse – gut geeignet sind Tomatenscheiben, Zwiebeln, Paprika und Zucchini – mit einer Prise Salz und etwas Öl in die Vertiefungen drücken (unten links).

6. Ofen auf 230 °C vorheizen und ein hohes Backblech auf die untere Schiene stellen. Focaccia in den Ofen schieben und 90 ml Wasser in das hohe Backblech unter der Focaccia gießen, damit sich Dampf bildet.

7. Nach 30 Min. sollte der Teig aufgegangen und durchgebacken sein. Ofen ausschalten und die Ofentür mit einem Kochlöffelstiel leicht geöffnet halten. Focaccia noch 20 Min. im Ofen lassen, damit eine schöne Kruste entsteht (siehe unten, rechtes Bild).

Tipp
Beim Auftauen von gefrorenem Brot wie dieser Gemüse-Focaccia den Teig kurz in kaltes Wasser tauchen, leicht ausdrücken, dann im vorgeheizten Ofen 15 Min. bei 180 °C backen. Danach schmeckt es so gut wie frisch gebacken.

Gutes vom Backblech

Viele pikante und süße Gerichte vom Backblech lassen sich überraschend einfach zubereiten. Sie brauchen dafür nur eine Rührschüssel und eine Bratenform bzw. ein Backblech mit hohem Rand. Statt konkrete Rezepte zu nennen, gebe ich hier nur Empfehlungen und rate zu großen Mengen, die sich portionieren und einfrieren lassen.

PIKANT

Auf Backblechen lassen sich herzhafte Speisen aus vielen Zutaten einfach zubereiten.

Nudelaufläufe

Sie gehören zu den vielseitigsten Speisen, um Gartengemüse zu verwerten. Mischen Sie frische oder Dosentomaten mit al dente gekochten Nudeln und gewürfeltem Gemüse auf dem Blech und gießen Sie so viel Brühe darüber, dass alles bedeckt ist. Nun kommt 1 TL einer Gewürzmischung von S. 170 oder aus der Vorratskammer und Essig dazu. Das Ganze mit geriebenem Käse bestreuen und 25 Min. bei 190 °C backen.

Kartoffelrösti

Immer wenn ich den Ofen auf 180 °C an habe, lege ich ein paar Kartoffeln auf das untere Blech und backe sie 90 Min., um sie anschließend (3 Tage) im Kühlschrank oder (6 Monate) im Gefrierschrank aufzubewahren. Für Rösti braten Sie leicht gewürzte Zwiebeln, Knoblauch, Porree oder Frühlingszwiebeln in Butter an, während Sie die Kartoffeln schälen und grob hacken. Das Ganze gut mischen, Gemüse dazugeben (fein gewürfelt oder gehobelt) und 15 Min. bei 200 °C backen. Dann ein Ei darüberschlagen und weitere 10–15 Min. im Ofen backen. Mit Kräutern garnieren oder Gewürze darüberstreuen.

Schmorgemüse

Schmorgemüse aus dem Ofen ist besonders lecker. Suchen Sie sich Würzig-Pikantes wie Pilze oder Würstchen aus und braten Sie es in etwas Öl, bis es klebrig und braun ist. Aromageber hinzufügen, ein paar Minuten braten, dann mit Wein, Essig oder Worcestersoße ablöschen. Alles auf ein Backblech legen, so viel gewürfeltes Gartengemüse wie hineinpasst dazugeben, außerdem gehackte frische oder Dosentomaten. Mit Brühe angießen. Alufolie über das Blech legen und 2 Std. bei 160 °C backen, dann abdecken und noch einmal 30 Min. bei 180 °C backen.

Tipp
Damit eine Mahlzeit mit Schmorgemüse wirklich sättigend ist, kommen noch Klöße aus Mehl, Butter und Wasser dazu. Mit Kräutern würzen und in den letzten 30 Min. auf das Blech legen.

SÜSS

Gutes aus dem Garten, etwa Möhren und Zucchini, ist auch die perfekte Basis für süße Genüsse.

Brownies und Blondies

Gehobeltes Gemüse und Beeren werten diesen saftig-weichen Schoko-Brownie bestens auf. Probieren Sie auch eine »blonde« Version aus (rechts). Beide Varianten lassen sich 6–8 Monate einfrieren.

Für 12 Portionen

- 170 ml Olivenöl
- 400 g Puderzucker
- 180 ml Kuh- oder Hafermilch
- 1 TL Salz
- 230 g Weißmehl
- ½ TL Backpulver
- 90 g Kakaopulver (bei den Blondies weglassen)
- 100 g rohe Rote Beten/Zucchini und Beeren, gehobelt **oder**
- 100 g Möhren und Beeren (für Blondies), gehobelt
- 1 TL Vanilleextrakt (für Blondies)
- 180 g dunkle Schokolade (für die Blondies weiße Schokolade), klein gehackt

Nach Belieben
Je ⅓ TL Muskatnuss und Zimt, beide gemahlen, und eine Gewürzmischung für würzige Brownies/Blondies

1. Ofen auf 190 °C vorheizen. Olivenöl und Puderzucker schlagen, bis sie dicker Buttercreme ähneln.

2. Die Hälfte der Milch dazugeben, gut verrühren, dann die andere Hälfte dazugeben. Erneut cremig rühren.

3. Die restlichen Zutaten außer der Schokolade, den Beeren und dem Gemüse abgemessen in eine separate Schüssel geben und gut mischen.

4. Einen Teil der flüssigen Mischung zu den trockenen Zutaten geben und gut unterheben, dann den Rest zusammen mit dem gehobelten Gemüse oder den Beeren dazugeben. Nicht zu sehr mischen.

5. Die Schokostückchen dazugeben. Gut mischen.

6. Ein Backblech mit Backpapier auslegen und den Teig hineingießen. Mit einer Teigkarte glatt streichen. 25–30 Min. backen.

7. Abkühlen lassen, dann Blech 1 Std. in den Kühlschrank stellen. Zum Schluss Brownies bzw. Blondies portionieren.

Eingemachtes

So sorgfältig wir auch planen, Überschüsse sind bei manchen Nutzpflanzen fast unvermeidbar. Gemüse kann man einfrieren, aber auch einmachen. Und etliche Sommerfrüchte lassen sich hervorragend in duftende Marmeladen verwandeln. Hier zeige ich Ihnen, wie Sie perfekte Obst- und Gemüsekonserven hinbekommen.

EINGELEGTES

Eingelegtes, mit Kräutern und Gewürzen aromatisiertes Gemüse ist eine wunderbar säuerliche, knackige Beilage. Außerdem gibt es Snacks, Sandwiches und Salaten Schwung.

Für ein 0,5-l-Glas

400 g stärkearmes Gemüse

250 ml Weißwein-, Apfel- oder Malzessig

250 ml Wasser

30 g Zucker

30 g Salz

Gewürze: Pfefferkörner, Senfsamen, Koriander oder Dillsamen eignen sich am besten.

1. Gemüse waschen und in Scheiben gewünschter Dicke schneiden – je dicker, desto knackiger bleiben sie. Sehr kleine Gurken ganz lassen.

2. Essig, Wasser, Zucker, Salz und Gewürze in einem kleinen Topf aufkochen.

3. Das Gemüse in ein sterilisiertes Glas geben und die Einlegeflüssigkeit darübergießen, bis es komplett damit bedeckt ist.

4. Glas verschließen und bis 4 Wochen bei Zimmertemperatur stehen lassen. Nach dem Öffnen ist das Eingelegte im Kühlschrank bis zu 3 Monate haltbar. Sind die Zutaten dünn geschnitten, ist das Eingelegte schon nach 24 Stunden genussfertig.

Tipp

Beim Einlegen von Essig- bzw. Gewürzgurken (rechts) entfernt man die Blütenenden und gibt eine minimale Menge gehackte Möhren dazu. So bleiben sie knackig.

CHUTNEYS

Chutneys sind des Gärtners Liebling, wenn es ums Haltbarmachen geht. Besser kann man Gemüse und Obst, vor allem solches, das sich schlecht einfrieren lässt, kaum haltbar machen (ganz rechts). Die Anleitung für die Gewürzmischungen (die letzten 3 Zutaten) finden Sie auf S. 170–171.

Für 4–5 Gläser à 350 g

- 1 kg gemischtes Gemüse oder Obst
- 400 g Tomaten, rot oder grün
- 500 ml Essig
- 250 g Zucker
- 1 EL Salz
- 2 EL Panch Phoron
- 1 EL Allzweckgewürzmix
- 1 TL Baharat

1. Gemüse waschen, klein hacken und in einen großen Edelstahltopf geben.

2. Essig, Zucker, Salz und die 3 Gewürzmischungen dazugeben und bei mittlerer Hitze unter ständigem Umrühren aufkochen.

3. Auf schwache Hitze zurückdrehen und Chutney 1–2 Std. köcheln lassen, bis es dick geworden und das Gemüse gar ist.

4. Chutney abkühlen lassen, dann in ein sterilisiertes Glas geben. Im Kühlschrank ist es bis zu 3 Monate haltbar.

GEDÖRRTES

Eine weitere Möglichkeit, Obst und Gemüse haltbar zu machen, ohne dass es Platz in der Gefriertruhe wegnimmt, ist das Entziehen von Flüssigkeit. Chilis und Kräuter sind klein, können also an einem luftigen Ort zum Trocknen aufgehängt werden. Wasserhaltiges wie Tomaten und Zucchini trocknet man am besten im Dörrautomaten. Wenn Ihnen der zu teuer ist, schneiden Sie das Gemüse sehr dünn und trocknen Sie es auf Blechen im Ofen bei schwacher Hitze. Die folgende Anleitung bezieht sich auf das Trocknen im Dörrautomaten.

1. Obst und Gemüse waschen, dann in dünne, gleich große Stücke schneiden. Kleine Exemplare wie Beeren ganz lassen.

2. Alles auf den Blechen der Dörrautomaten auslegen (Tomaten wie unten gezeigt).

3. Temperatur einstellen, dann alle 3 Std. nachsehen, wie die Trocknung voranschreitet.

4. Sind alle Teile trocken und fest (unten rechts), in einen luftdicht verschließbaren Behälter geben und mit Datum beschriften. Bei Zimmertemperatur lagern, nicht in die Sonne stellen. Gedörrtes ist ein Jahr haltbar.

Fruchtleder
Dieses Fruchtmuskonzentrat schmeckt und lässt sich ganz leicht im Dörrautomaten selbst zubereiten.

1. Etwa 500 g Obst in der Küchenmaschine weich pürieren (ggf. Wasser dazugeben). Mit Honig oder Gewürzen abschmecken.

2. Das Mus etwa 5 mm dick auf eine Silikonmatte streichen, dann auf ein Dörrblech heben.

3. Automat auf 60 °C einstellen und 6–8 Std. dörren. Das Leder sollte noch biegsam, aber nicht mehr klebrig sein.

4. Das Leder nach dem Trocknen vom Blech nehmen und in Streifen schneiden. Aufrollen und in einen luftdicht verschließbaren Behälter geben. Bei Lagerung bei Raumtemperatur binnen eines Monats aufbrauchen. Im Kühlschrank 6 Monate haltbar.

Tipp
Getrocknetes Obst gibt Tees und anderen Heißgetränken eine besondere Note. Man kann aber auch Müsli damit süßen und aromatisieren. Selbst Pilze lassen sich gut trocknen und so als Zutat für Nudelsoßen und Eintöpfe verwenden.

KONFITÜREN

Die Süße von Sommerfrüchten lässt sich mit Konfitüren hervorragend einfangen. Allerdings ist es nicht ganz einfach, Konfitüren gut hinzubekommen. Ich rate Ihnen, ein Viertel der Früchte unreif dazuzugeben. Der Grund: Wenn Obst reif wird, steigt der Zuckergehalt, doch der Gehalt an Pektin – das mit einem Spritzer Zitronensäure die Konfitüre fest werden lässt – sinkt.

Ich nehme das Gesamtgewicht des Obsts und berechne daraus die Menge an Zucker und Zitronensaft für die folgende Formel:

- Obst (Gesamtgewicht)
- Einmachzucker (50 % des gesamten Obstgewichts)
- Zitronensaft (5 % des gesamten Obstgewichts)

Das folgende Rezept für Erdbeerkonfitüre eignet sich genauso gut für andere Beeren, etwa Himbeeren, Johannisbeeren und Stachelbeeren.

Erdbeerkonfitüre

1 kg Erdbeeren (einschl. 250 g unreife Beeren)

500 g Zucker

3 EL Zitronensaft

Ergibt etwa zwei 500-g-Gläser.

1. Stiele und Blätter von den Erdbeeren zupfen und alle Zutaten in eine Schüssel geben. Über Nacht durchziehen lassen, dann die Gläser spülen und sterilisieren, um sie am nächsten Tag füllen zu können.

2. Am nächsten Tag einen kleinen Teller in den Kühlschrank stellen und 1 Std. kühlen.

3. Mit den Händen (oder einem Kartoffelstampfer) alles in der Schüssel zerdrücken, statt es langwierig klein zu schneiden. Das geht schnell und lässt eine eher grobe Konfitüre mit ungleichmäßiger Konsistenz entstehen, die aber ausgezeichnet schmeckt.

4. Den Inhalt in einen großen Topf geben und unter ständigem Rühren schnell aufkochen. Wenn Schaum auf der Oberfläche entsteht, abschöpfen und wegwerfen.

5. Wenn die Mischung zu brodeln beginnt und sich eine glänzende Oberfläche bildet, 1 TL auf den kalten Teller geben, eine Minute warten und mit dem Finger auf den Klecks drücken. Wird die Oberfläche runzlig, hat die Konfitüre den Punkt erreicht, an dem sie fest wird (oben). Konfitüre vom Herd nehmen und in die sterilisierten Gläser füllen. Deckel zuschrauben und bei Zimmertemperatur abkühlen lassen. Bis 9 Monate haltbar. Nach dem Öffnen innerhalb eines Monats aufbrauchen.

Fermentieren

Der Einsatz natürlicher mikrobieller Kulturen zur Verbesserung von Geschmack und Nährstoffgehalt wird immer beliebter. Vergorenes aus dem eigenen Garten ist gesund und haltbar. Wer sich noch nicht getraut oder schon einmal einen Fehlschlag erlitten hat, sollte nicht verzagen. Folgende Methoden sind einfach und wirkungsvoll.

MILCHSÄUREGÄRUNG

Diese vorzügliche Gärmethode (links) wird zur Herstellung von Kimchi und Sauerkraut genutzt. Sie ist unkompliziert und eignet sich für so ziemlich jedes Gemüse aus dem Garten. Gibt man Salzlake (Salz und Wasser) dazu, wandeln nützliche Bakterien den Zucker im Gemüse in Milchsäure um. Das sorgt nicht nur für eine pikant-saure Note, sondern macht das Ganze auch noch haltbar, ähnlich dem Einlegen. Vorher muss aber die gesamte Ausrüstung gereinigt werden, damit das Gemüse nicht verdirbt. Mit einem pH-Messgerät prüft man den Säurewert, der zeigt, ob etwas genießbar ist. Entsorgen Sie alles, was schimmelt oder unangenehm riecht.

Für einen 1,5-l-Behälter

1 kg Gemüse Ihrer Wahl

genug Wasser, um das Gemüse abzudecken

Salz (2–5 % der Gemüse- und Wassermenge, siehe Schritt 4)

ganze Gewürz-/Kräutersamen

frischer Ingwer/Knoblauch, geschnitten

Nach Belieben
Chilipulver zum Abschmecken

1. Gemüse waschen und in der gewünschten Dicke schneiden.

2. Den sterilisierten Behälter wiegen, dann mit dem Gemüse, den Kräutern und den Gewürzen füllen. Ich gebe immer noch Ingwerwurzeln bzw. Knoblauchzehen dazu, denn sie verbessern den Geschmack und fördern die Entstehung nützlicher Bakterien. Nur bis 5 cm unter den Rand füllen, damit sich oben Gase sammeln können.

3. Kaltes Wasser einfüllen, bis alle Zutaten im Wasser stehen, dann Behälter erneut wiegen.

4. Das Gewicht des leeren Behälters vom vollen abziehen und das Ergebnis mit 0,02 multiplizieren, um die Salzmenge zu berechnen. Salz dazugeben, Behälter schließen und schütteln, um das Salz aufzulösen.

5. Behälter 3–7 Tage stehen lassen (nicht in der prallen Sonne). Deckel jeden Tag öffnen, damit das bei der Gärung entstehende Gas entweichen kann.

6. Nach einer Woche das Gemüse probieren. Wenn es säuerlich ist, den verschlossenen Behälter in den Kühlschrank stellen, um die Fermentation zu bremsen und den Geschmack zu bewahren und zu verfeinern. Mit einem pH-Messgerät den Säuregehalt messen. Liegt der pH-Wert unter 4,6, ist der Inhalt fertig.

7. Binnen 2 Monaten aufbrauchen.

TROCKEN FERMENTIEREN

Vergärt man Gemüse mit hohem Wasseranteil, etwa Zucchini, Kohl und Tomaten, braucht man kein zusätzliches Wasser dazugeben. Auch bei gehobeltem Gemüse ist das nicht erforderlich. Man knetet einfach das Salz, etwa in den Kohl, damit es ihm Feuchtigkeit entzieht. So entsteht von selbst eine leckere Salzlake.

Pro 500 g gehacktem oder fein geschnittenem Gemüse braucht man 1½ TL Salz.

1. Salz und Gemüse in einen sterilisierten Behälter geben.

2. Inhalt mit einem Glas- oder Keramikgewicht nach unten drücken, um sicherzugehen, dass es in der Salzlake untergetaucht bleibt. 2 Tage stehen lassen, damit das Salz dem Gemüse die Feuchtigkeit entziehen kann.

3. Weiter wie bei der Milchsäuregärung beschrieben vorgehen, auch bei der Lagerung.

Fermentierte Salzlake
Die nach dem Salzen extrahierte Flüssigkeit enthält jede Menge nützlicher Mikroben und ist ein vorzüglicher, nahrhafter Geschmacksgeber beim Kochen und Einlegen.

Kurz einlegen Schneiden Sie knackiges Gemüse fein und stellen Sie es mit saurer Fermentierflüssigkeit (pH-Wert 3,5 oder darunter) über Nacht in den Kühlschrank. Am nächsten Tag haben Sie etwas, das Sie als Beilage, Sandwichfüllung oder salzige Salatzutat nutzen können.

Salziges Püree Mixen Sie einen Teil des fermentierten Gemüses (nass oder trocken fermentiert) mit der Salzlake zu einer Soße. Sie wertet z. B. gebratenes Gemüse auf.

Butterglasur Geben Sie einen Klecks Butter in eine heiße Pfanne und erhitzen Sie ihn. Bevor er braun wird, gibt man die gleiche Menge fermentierte Salzlake dazu. Das Ganze lässt man 1 Min. kochen, dann kann man Gemüse oder Fleisch vor dem Braten damit glasieren.

WILDESSIG

Nutzen Sie spezielle natürliche Essigsäurebakterien, um Geerntetes mit hohem Zuckergehalt zu einem schmackhaften Essig zu verarbeiten. Gut verwertbar sind Obst und Tomaten. Auch Apfelgehäuse und -schalen kann man dazugeben.

Für einen 1-l-Behälter

900 g Obst oder Tomaten
200 g Rohrzucker
1,8 Wasser
150 ml roher* Apfelessig

* Verwenden Sie nach Möglichkeit unpasteurisierten Essig mit Essigmutter (aus Essigsäurebakterien).

1. Obst/Tomaten mischen und grob stampfen oder mixen. Mit Zucker und Wasser mischen und rühren, bis

sich der Zucker auflöst. Alles in einen großen, sterilisierten Behälter geben. Ein Verschließen ist nicht nötig.

2. Behälter mit einem Tuch abdecken. Tuch mit Schnur oder Gummiband fixieren. Nicht in die Sonne stellen.

3. Behälter täglich öffnen und mit einem sauberen Holz- oder Plastiklöffel umrühren. So gelangt Sauerstoff in die Flüssigkeit, was die spezielle Reaktion der Essigsäurebildung fördert. 2 Wochen täglich rühren.

4. Feststoffe abseihen (oben) und Essig in ein frisches, sauberes Glas umfüllen. Wie vorher abdecken und 1 Monat gären lassen. Ein Umrühren ist nicht nötig.

5. Wenn die Flüssigkeit angenehm säuerlich schmeckt, ist sie fertig. Den pH-Wert ermitteln – er muss unter 2,5 liegen. Man kann ihn durch Hinzufügen von Weißweinessig (6 % Säure) oder Zitronensaft weiter senken.

6. In Flaschen füllen und sofort verbrauchen oder reifen lassen. Um Farbe und Geschmack zu erhalten, gekühlt lagern und binnen 6 Monaten verbrauchen.

Getränke

Nichts macht mehr Spaß, als sich einen leckeren, gesunden Drink aus Selbstgezogenem zu genehmigen. Im Gegensatz zu vielen Rezepten in Selbstversorgerbüchern müssen meine Drinks nicht gebraut oder lang zu Alkohol fermentiert werden. Hier ein paar Kreationen, die Sie zusammen mit der ganzen Familie genießen können.

TEES

Frische Blüten und Kräuter lassen sich zu wärmenden Tees aufbrühen (rechts) oder Sie lassen sie über Nacht im Kühlschrank in kaltem Wasser ziehen. Blüten reagieren empfindlich auf hohe Temperaturen, weshalb die Zubereitung von heiß oder kalt aufgegossenen Tees sehr unterschiedliche Ergebnisse liefert. Suchen Sie Blüten und Blätter vor dem Zubereiten immer sorgfältig auf Tiere ab.

Mit einem Dörrautomaten kann man frische Blüten und Kräuter binnen zwei Stunden auf niedrigster Stufe trocknen. Dann bewahrt man sie in luftdicht verschlossenen Behältern an einem kühlen, dunklen Platz auf. Ohne Dörrautomat hängen Sie Blüten und Kräuter in kleinen Sträußen an einem Ort ohne direkte Sonne zum Trocknen auf. Das bewahrt Geschmack und Aroma, sodass man Kräutertees das ganze Jahr hindurch genießen kann. Zum Aufbrühen übergießt man das getrocknete Material einfach mit kochendem Wasser und lässt es 5 Min. ziehen. Gesüßt werden kann es mit Honig oder Zucker.

Heiß aufgegossener Tee
Geben Sie zwei Handvoll frische oder getrocknete Blüten bzw. Kräuter mit 500 ml Wasser und 1 EL Honig oder Zucker in einen kleinen Topf und lassen Sie alles 5 Min. köcheln. Dann können Sie den Tee in Tassen abseihen und sofort genießen.

Eistee
Geben Sie 500 ml Wasser mit etwas Honig oder Zucker in einen luftdicht verschließbaren Behälter und rühren Sie gut um. Mit einer Schere schnipseln Sie anschließend Blüten bzw. Kräuter hinein. So können sie ihr natürliches Aroma freisetzen. Anschließend wird der Behälter verschlossen und über Nacht in den Kühlschrank gestellt, damit die Flüssigkeit durchzieht. An einem Sommertag mit Eiswürfeln genießen!

SIRUP

Aus saftigem Gartenobst wie Beeren kann man feine Sirupe ansetzen (unten). Für 500 g Beeren (frisch oder eingefroren) braucht man 500 ml Wasser, 350 g Zucker sowie die Schale und den Saft einer Zitrone. Die Zitrone ist nicht immer erforderlich, gibt aber einen guten Geschmack und erhöht die Haltbarkeit. Auch Rhabarber und Wildbeeren eignen sich für Sirup (siehe S. 194–195).

1. Beeren ggf. entstielen, mit dem Wasser sowie der Zitronenschale in einen großen Topf geben und 30 Min. köcheln lassen (siehe unten).

2. Durch ein Seihtuch passieren. Nicht zu fest drücken, damit kein Fruchtfleisch durch den Stoff gelangt.

3. Topf spülen, Saft wieder hineingießen und noch einmal köcheln lassen.

4. Den Zucker und Zitronensaft dazugeben und rühren, bis sich der Zucker ganz aufgelöst hat.

5. Süße nach Belieben erhöhen, dann den Sirup in eine sterilisierte 750-ml-Glasflasche gießen, in den Kühlschrank stellen und binnen drei Wochen verbrauchen.

Serviervorschläge
Servieren Sie Sirup im Sommer mit zerstoßenem Eis und frischer Minze oder Zitronenmelisse. Im Winter mixt man einen wärmenden Glühsirup, indem man ihn in einen Topf gibt, eine Zimtstange, einen Sternanis und eine Muskatblüte hinzufügt und alles 20–30 Min. köcheln lässt.

Sirup mit frischen Blüten
Noch ein Sommersirup, diesmal mit Holunder- oder anderen Blüten: Übergießen Sie 100 g Blüten mit 825 ml kochendem Wasser und geben Sie 660 g Zucker sowie die Schale und den Saft einer Zitrone dazu. Das Ganze lässt man 24 Std. bei Zimmertemperatur stehen, seiht es in Flaschen ab und stellt es in den Kühlschrank.

SOMMERDRINK

Durch Fermentieren der Zutaten über drei Tage hinweg intensiviert man den Geschmack. Es entsteht ein komplexer, tiefer, Gin-artiger Drink mit wenig Alkohol. Soll er nicht perlen, lässt man den Zucker weg.

- 2-l-Glas
- Geschirrtuch
- Schnur oder Gummiband
- ein Stück Stoff
- so viel Minze, Zitronenmelisse oder Zitronenverbene, wie man braucht, um das Glas zu füllen
- 200 g Honig
- Zitrone, geschnitten
- kaltes Wasser
- 2 TL Zucker

Nach Belieben
2,5 cm frischer Ingwer, geschält und gehackt

1. Nach dem Sterilisieren des Glases die Kräuter verlesen und waschen.

2. Die Kräuter zusammen mit dem frischen Ingwer nur bis 5 cm unter den Rand ins Glas füllen, damit sich beim Gären Gas bilden kann.

3. Den Honig, die Zitrone und genug Wasser zum Abdecken der Kräuter hineingeben. Ggf. die Kräuter beschweren, damit sie untergetaucht bleiben.

4. Glas mit einem Geschirrtuch abdecken. Tuch mit einer Schnur oder einem Gummiband fixieren, dann bei Zimmertemperatur ohne direkte Sonne ziehen lassen.

5. Nach 3 Tagen die Flüssigkeit durch ein Seihtuch abseihen und Kräuter kompostieren. Die abgeseihte Flüssigkeit in 2 sterilisierte Flaschen füllen, aber nicht ganz bis zum Rand, damit sich das Gas oben sammeln kann. 1 TL Zucker in jede Flasche füllen und schütteln.

6. Die Flaschen 1–2 Tage in den Kühlschrank stellen, danach ist der Sommerdrink fertig.

Selbstgesammeltes

Mit essbaren Zutaten aus freier Natur lassen sich Gerichte gut aufwerten und zusätzliche Nährstoffe kostenlos bekommen. Sammeln Sie nur auf öffentlichem, nicht privatem Grund und nie zu viel, da sonst das fragile Gleichgewicht von Ökosystemen gestört wird.

Häufig gesammeltes Wildgemüse und -obst finden Sie in der Tabelle rechts, zusammen mit dem Monat, an dem es am häufigsten ist, und Vorschlägen, wie man es verwertet. Bevor Sie losstiefeln, informieren Sie sich über jede Art online oder in Bestimmungsbüchern, damit Sie keinesfalls giftige Doppelgänger wie Maiglöckchen sammeln, die Bärlauch ähneln, aber nicht nach Knoblauch duften.

Monat	Pflanze	Verwertbar	Geschmack	Verwendung
Januar	Schlehe	Beeren	Säuerlich, fruchtig	Für Tee, Saft, Sirup und Likör.
Februar	Vogelmiere	Blätter	Wie Kopfsalat	In Pesto oder Suppen. Zum Garnieren von Wintersalaten.
März	Sauerampfer	Blätter	Zitronig, sehr sauer	Nur kleine Mengen verwenden. Gibt Suppen eine Zitrusnote.
April	Bärlauch	Blätter, Stiele, Blüten, Samen	Feiner bis kräftiger Zwiebelgeschmack	Blätter wie Babyspinat verwenden und in Pasteten oder Quiches geben, in Kimchi fermentieren. Die Samen sind ein guter Kapernersatz, die Blüten kann man in Salate geben.
Mai	Weißdorn	Blüten	Marzipan	Gut in Sirup.
Juni	Holunderblüten	Blüten	Zitronig/ blumige Birne	Ergibt einen milden Sirup oder Tee (siehe S. 190–193).
Juli	Heidelbeeren	Reife Beeren	Süß-aromatisch	Kochen und zu Sirup, Kompott, Konfitüre, Soßen und Kuchenfüllungen verarbeiten.
August	Holunderbeeren	Reife Beeren	Säuerlich	Gift durch Kochen neutralisieren und zu Sirup, Konfitüre, Wein, Sirup und Ketchup verarbeiten.
September	Weißdornbeeren, Hagebutten (Bild links)	Reife Beeren	Säuerlich und leicht süß	Weißdornbeeren kochen, Samen entfernen und zu Gelee, Tee oder Sirup verarbeiten, Hagebutten zu Konfitüre, Sirup und Limonaden, Samen entfernen.
Oktober	Kriechenpflaumen	Reife Früchte	Saurer Pflaumengeschmack	Pflaumen gekocht zu Konfitüre, Kuchen und Chutney verarbeiten, in Gin oder Wodka einlegen.
November	Esskastanien	Geschälte Nüsse	Erdig und süß	Roh oder geröstet. Geröstet in Kuchen, Füllungen und Suppen.
Dezember	Queller	Triebspitzen	Knackig und salzig	Dünsten und in Pasta oder Kartoffelspeisen verwenden.

Garten-Basics

04

Aussäen

Die Aussaat ist die kostengünstigste Methode, Gemüse heranzuziehen, wobei man zwischen Direktaussaat oder Aussaat in Gefäßen unterscheidet. Eine Ausnahme sind wärmeliebende Pflanzen wie Auberginen, Paprika und Chilis, denn sie brauchen früh in der Saison schon viel Wärme und Licht. In diesen Fällen ist es oft preiswerter und einfacher, ein paar Setzlinge zu kaufen.

DIREKTAUSSAAT

Was das Besondere an dieser Methode ist, sagt schon der Name: Man sät direkt an den endgültigen Standort aus. Die Methode ist sehr einfach (Bild rechts, unten).

1. Eine Schnur an zwei Stäbe binden, über das Beet spannen und so die Reihe markieren.

2. Mit einem Rechenstiel eine passend tiefe Rille in den Boden ziehen.

3. Die Samen in die Rille säen.

4. Samen vorsichtig mit Erde bedecken. Erde festdrücken, damit die Samen fest mit dem Boden verbunden sind.

5. Ordentlich wässern (oder ein paar Stunden vor starkem Regen aussäen).

Aussaat im Saatbeet
Porree und Kohlgewächse mit Stamm, etwa Brokkoli und Grünkohl, säe ich am liebsten in ein Saatbeet aus, damit ich viele Pflanzen auf kleinem Raum bekomme. Wachsen die Sämlinge gut, nehme ich sie auf, sobald sie echte Blätter tragen, und setze sie mit größerem Abstand an ihren endgültigen Platz.

AUSSAAT IN TÖPFEN UND TOPFPLATTEN UNTER GLAS

Die Aussaat drinnen oder im Gewächshaus hat den Vorteil, dass die Pflanzen schon wachsen können, während man auf wärmeres Wetter wartet. Was in Töpfen oder Topfplatten (Bild rechts, oben) ausgesät wird, kann zudem ins Beet, sobald das, was vorher dort gewachsen ist, geerntet wurde. Die Aussaatmethode ist dieselbe wie bei der Direktaussaat.

1. Die Gefäße mit Substrat füllen (torffreie Universal- oder Aussaaterde) und gut festdrücken. Obenauf eine Schicht Kompost geben.

2. Vor dem Besäen gut wässern, damit die Löcher, die man für die Samen in die Erde drückt, nicht in sich zusammenfallen.

3. Mit einem Pflanzholz oder dem Finger Löcher für jeden Samen in der passenden Tiefe stechen (oben).

4. Samen aussäen und mit Erde bedecken. Leicht festdrücken.

5. Beschriften und noch einmal wässern.

Umpflanzen

Halten Sie die Sämlinge beim Pikieren immer behutsam an einem Blatt fest, damit der empfindliche Trieb nicht verletzt wird. Größere Setzlinge, ob in Topfplatten, Einzeltöpfen oder im Saatbeet herangezogen, werden am Wurzelballen oder an den Blättern festgehalten. Sie müssen vor und nach dem Umpflanzen gut gewässert werden.

PIKIEREN

Mit einer dichten Aussaat erhält man viele Sämlinge unter Einsatz von möglichst wenig Erde. Anschließend werden die besten Exemplare ausgewählt und in größere Gefäße umgepflanzt. Das nennt man Pikieren. Erst danach kommen sie an ihren endgültigen Platz im Garten.

1. Kleine Töpfe oder Multitopfplatten mit größeren Modulen mit Erde füllen.

2. Mit einem Plastiketikett die Sämlinge aus der Saatschale hebeln, sobald sie die ersten beiden echten Blätter tragen.

3. Sämling an einem Blatt festhalten. Unterdessen mit einem Stift ein kleines Loch in die Erde stechen.

4. Den Sämling so in das Loch setzen, dass sich die untersten Blätter 5–10 mm über der Erdoberfläche befinden. Anschließend vorsichtig wässern.

SÄMLINGE AUS TOPFPLATTEN

1. Die Topfplatten vorher immer 5–10 Min. in 2–3 cm hohes Wasser stellen, damit die Sämlinge vor dem Umpflanzen noch Flüssigkeit aufnehmen können.

2. Den Ballen der Sämlinge mit einem Finger aus dem Modul drücken. Nur am Wurzelballen festhalten (Bild rechts oben links).

3. Mit den Fingern oder einem Pflanzholz ein Loch in die Erde drücken, das etwas tiefer als der Wurzelballen hoch ist, und den Sämling hineinsetzen (Bild rechts, oben rechts).

4. Erde um den Sämling mit der Hand festdrücken (Bild rechts unten). Da der Sämling etwas tiefer sitzt, kann sich das Wasser am Ansatz sammeln und direkt zu den Wurzeln fließen.

SETZLINGE

1. Größere Setzlinge (etwa von Kohlgewächsen) vor dem Umpflanzen in 7er- oder 9er-Töpfe in ihren alten Gefäßen gut wässern.

2. Mit einer Handschaufel ein Loch ausheben, das so breit wie der Topf, aber eineinhalbmal so tief ist, und eine Handvoll Gartenkompost hineinwerfen.

3. Den Sämling mit einer Hand festhalten. Den Topf umdrehen und behutsam auf den Boden klopfen, damit der Ballen aus dem Topf herausrutscht (Bild rechts).

4. Setzling in das Loch pflanzen, dann wässern. Mit der Hand die Erde um den Setzling festdrücken.

SETZLINGE IM SAATBEET

1. Mit einer Gabel die Setzlinge, etwa von Porree, aus der Erde hebeln. An den Wurzeln wird noch etwas Erde kleben.

2. 10 Min. in einem Eimer Wasser einweichen, dann vorsichtig schütteln, um die Wurzeln zu entwirren und die Setzlinge zu trennen (unten).

3. Mit einem Pflanzholz ein Loch in die Erde stechen, das so tief ist, wie die nassen Wurzeln lang sind. Je einen Setzling in jedes Loch stecken.

4. Das Loch bis obenhin mit Wasser füllen, Erde hineinräumen und festdrücken.

Die wurzelnackten Setzlinge welken zunächst, sollten aber ab dem dritten Tag wieder fest und vital werden.

TIPP
Beim Einpflanzen von Kohlgewächsen und Tomaten mit mindestens 5–6 echten Blättern setzt man die Setzlinge so tief in die Erde, dass die untersten Blätter nur knapp über dem Boden sitzen. Das fördert die Bildung kräftiger, stabiler Triebe.

Wässern

Die folgenden Ratschläge sind nicht in Stein gemeißelt, sondern eine unverbindliche Empfehlung. Beim Wässern geht es darum, dass die Pflanzen ausreichend versorgt werden und nicht unter Wasserstress leiden. Solange sie nicht welken, machen Sie alles richtig.

SÄMLINGE UND SETZLINGE

Sämlinge sind sehr empfindlich. Sie müssen vorsichtig gewässert werden, am besten von unten. Dazu füllt man eine wasserdichte Schale 3–4 cm hoch mit Wasser und stellt die Topfplatte bzw. die Töpfe mit den Sämlingen hinein. Die Erde saugt das Wasser wie ein Docht hoch. Nach 10 Min. haben die Sämlinge Wasser aufgenommen und die Töpfe können wieder in ihr Regal. Gewässert wird, sobald sich die obersten 2 cm des Substrats trocken anfühlen.

Eingetopfte Setzlinge

Das Wässern von unten ist auch für Setzlinge, die schon seit mindestens vier Wochen im Topf wachsen, die beste Option. Nach dem Wässern von oben kann die Erde feucht aussehen, aber weiter unten noch knochentrocken sein. Wer mehrere Setzlingsschalen hat und nicht genug Zeit, um von unten zu wässern, gießt einfach von oben und wiederholt das Ganze nach 15 Min. Ansonsten wird immer dann gewässert, wenn die Topferde bis in 2–3 cm Tiefe komplett ausgetrocknet ist.

Direktaussaaten

Halten Sie den Boden feucht, aber nicht nass. Sehr effektiv senkt die Brettermethode (siehe S. 31) die Verdunstungsrate. Nach dem Keimen nimmt man das Brett einfach weg. In den ersten vier Wochen nach dem Keimen werden die Sämlinge gewässert, sobald sich die obersten 2–3 cm Erde trocken anfühlen.

ÄLTERE PFLANZEN

Ältere Pflanzen haben schon ein gut entwickeltes Wurzelwerk, das in feuchte Bodenschichten weit unter der Oberfläche dringt, und müssen daher nicht so häufig gewässert werden wie Sämlinge und Setzlinge. In zwei Fällen aber brauchen sie trotzdem Wasser: zum einen, wenn die obersten 5 cm Erde sich knochentrocken anfühlen, und zum anderen, wenn es eine Woche nicht mehr geregnet hat und auch kein Niederschlag für die nächsten Tage angekündigt ist. Wässern Sie ältere Pflanzen immer möglichst nah am Ansatz. So gelangt das Wasser direkt zu den Wurzeln, wo es am dringendsten gebraucht wird.

Mehrjährige
Sie brauchen nur bei extremer Trockenheit Wasser. In solchen Fällen gießt man sie alle zwei Wochen gründlich und durchdringend. Nach dem Wässern oder auch direkt nach dem Regen mulchen Sie um den Ansatz herum 5 cm dick mit Grasschnitt, Laub oder Hackschnitzeln. Das senkt die Verdunstungsrate, sodass die Feuchtigkeit im Boden bleibt.

Sickerschläuche
Diese wirkungsvolle Bewässerungsmethode ist wie geschaffen für Gemüsepflanzen wie zum Beispiel Tomatenreihen im Folientunnel. Das Wasser sickert dabei vom Schlauch direkt in den Boden und zu den Wurzeln. Mit diesem System kann man viel Wasser und Zeit sparen, vor allem, wenn man den Sickerschlauch an einen Timer anschließt, der sich zu bestimmten Zeiten einschaltet.

Tipp
Es gibt inzwischen recht günstige Systeme, die man an kleine Solarzellen anschließen kann. Damit benötigt man keinen Stromanschluss.

Minimal-invasives Gärtnern

Das ist eine von mir entwickelte Methode, nahrhafte Nutzpflanzen anzubauen und gleichzeitig die langfristige Bodengesundheit zu verbessern. Das minimal-invasive Gärtnern ist nicht identisch mit dem No-Dig-Gärtnern und hat auch keine festen Regeln. Entscheidend ist Flexibilität. Wie wenig Sie den Garten »stören«, hängt von Ihrer Persönlichkeit, Ihrer Lebensweise, Ihrer Erfahrung und Ihrem Gartenverständnis ab.

GRUNDSÄTZE UND PRAXIS

Ich habe ein paar Leitprinzipien zusammengestellt und liste sie hier mit praktischen Anwendungen auf:

1. Erst bewerten, dann handeln
Bei der Planung einer Arbeit, die den Boden stört, werden zuerst die verfügbaren Optionen bewertet. Dann entscheidet man, welche am geeignetsten und nützlichsten sind, und macht sich ans Werk. Ist zum Beispiel der Boden zu Saisonbeginn verdichtet, kann man ihn mit einer Gabel lockern.

2. Schutz des Ökosystems
Wenn Sie den Garten wie ich als komplettes Ökosystem begreifen, sind die Vorgänge oberhalb der Erdoberfläche genauso wichtig wie die darunter. Fördern Sie die Biodiversität durch Pflanzung bestäuberfreundlicher Arten und bringen Sie selbst gemachte biologische Präparate aus (siehe S. 208), die nützliche Mikroben fördern.

3. Verantwortungsbewusste Verwendung von Ressourcen
Der Einsatz örtlicher, nachhaltiger Ressourcen spart Geld. Statt Erde für neu angelegte Beete zu kaufen, probieren Sie es mit Grabenkompostierung. Dabei wird ein etwa 50 cm tiefer Graben ausgehoben, zu zwei Dritteln mit Gemüseresten gefüllt und mit Erde bedeckt, die man bepflanzt. Die Reste zersetzen sich und verbessern den Boden. Ist das Geld knapp, verzichten Sie auf den Kauf von Bio-Samen.

4. Dynamische Polykultur
Bauen Sie im Saisonverlauf an ein und demselben Platz Verschiedenes an. Das senkt das Risiko von Schädlingsbefall, Krankheiten und Nährstoffmangel und erhöht zugleich die Produktivität und Resilienz des Gartens.

Arbeiten Sie außerdem mit Mischkultur, gestaffeltem Anbau und Begleitpflanzen.

5. Kontinuierliche Bodendecke

Damit der Boden geschützt ist, sollte er so oft wie möglich bedeckt bleiben. Bodendecker wie *Phacelia* schützen ihn im Winter. Anschließend werden sie gemäht und in den Boden eingearbeitet. Leere Beete deckt man mit luftdurchlässigem Material wie Karton (oben) ab, damit sie nicht so stark den Elementen ausgesetzt sind.

Minimal-invasiv Gärtnern und Selbstversorgen

Zu den größten Herausforderungen der Selbstversorgung gehört die ausreichende Bereitstellung von Kompost. Ihn zu kaufen kostet, während man immer am Ball bleiben muss, wenn man selbst kompostiert. Die Bodenfruchtbarkeit lässt sich auch auf andere Weise erhöhen, etwa durch Grabenkompostierung (siehe Punkt 3). Hat man einmal nicht genug Kompost, kann man trotzdem hungrige Pflanzen wie Tomaten oder Kürbisse anbauen. Graben Sie einfach zwei Monate vor dem Anpflanzen ein paar Handvoll Küchenabfälle ein und markieren Sie den Platz mit Stäben.

Das minimal-invasive Gärtnern ist sehr flexibel. Es spart Geld und lässt sich an Ihre speziellen Bedürfnisse anpassen. Im Mittelpunkt stehen praxisnahe Methoden, die Ihre Unabhängigkeit garantieren, weshalb sie ideal für alle sind, denen ein nachhaltiges Leben und Selbstversorgung wichtig sind.

Präparate

Bei diesen Präparaten handelt es sich um natürliche, nicht invasive Mittel zur Verbesserung der Pflanzengesundheit und Erhöhung ihrer Widerstandsfähigkeit gegen Schädlinge und Krankheiten. Die vier beschriebenen Mittel lassen sich leicht und preiswert zu Hause herstellen. Zwei von ihnen verbessern zudem die Bodengesundheit und -qualität.

LAB

LAB, die Abkürzung für »Lactic Acid Bacteria«, Milchsäurebakterien, ist ein Präparat aus dem Korean Natural Farming. Es hat eine Reihe erstaunlicher Vorteile. Ich zeige Ihnen, wie Sie LAB selbst herstellen. Das Präparat ist gekühlt bis zu sechs Monate haltbar.

Gießt man LAB in den Komposter, beschleunigt man den Zersetzungsprozess und verhindert die Bildung übel riechender Stoffe. Auf die Blätter gesprüht, schützt es Jungpflanzen vor Krankheiten wie Echtem Mehltau. Selbst Beete kann man damit wässern, denn es verbessert die Bodenstruktur, fördert die Wasserspeicherfähigkeit des Erdreichs und spaltet Nährstoffe auf, sodass sie von den Pflanzen leichter aufgenommen werden können.

Herstellen lässt sich LAB in zwei Schritten: Zuerst bereitet man Reiswasser vor, dann gibt man Milch dazu, um die Milchsäurebakterien zu »füttern« und ihre Vermehrung zu fördern.

Schritt 1 Brühe herstellen

250 g roher Bio-Reis

250 ml Wasser

250-ml-Glas

2 große Schüsseln

Sieb

Gummiband und Tuch (zum Abdecken)

1. Das Sieb über eine der Schüsseln legen, den Reis hineingeben und das Wasser darübergießen.

2. Das Sieb mit dem Reis auf die andere Schüssel legen, dann das Wasser aus der ersten Schüssel darübergießen. Das Ganze 8- bis 10-mal wiederholen. Das Wasser wird immer trüber, denn die Stärke wird aus dem Reis herausgewaschen.

3. Die trübe Flüssigkeit in das Glas gießen, mit dem Tuch abdecken, das Luft hineinlässt, und Tuch mit dem Gummiband fixieren.

4. Drinnen an einem Platz ohne direkte Sonne 3 Tage stehen lassen. Die Bakterien aus der Luft ernähren sich von der Stärke im Reiswasser. Die Flüssigkeit riecht irgendwann wie altes Blumenwasser.

Schritt 2 Die Bakterien »füttern«

1,5 l Bio-Kuhvollmilch

2-l-Glas

1-l-Glas

feinmaschiges Sieb

1. Mit einem Suppenlöffel den Film auf der Oberfläche des Reiswassers entfernen. Die klare Flüssigkeit darunter in das größere der beiden Gläser gießen und den verbliebenen Bodensatz im Glas entsorgen.

2. Die Milch in die klare Flüssigkeit gießen und mischen.

3. Das größere Glas mit dem Tuch und dem Gummiband abdecken und 5–6 Tage an denselben Ort stellen, an dem das Glas in Schritt 1 stand.

4. In der Flüssigkeit sollte sich das LAB-Serum (Molke) und der Bruch (unten) getrennt haben. Und ja, aus dem Bruch kann man tatsächlich Käse machen!

5. Die Flüssigkeit mit dem feinmaschigen Sieb vom Bruch trennen und in das zweite, saubere Glas gießen.

6. Glas beschriften und in den Kühlschrank stellen, es ist bis zu 6 Monate haltbar. In einer Verdünnung von 1:1000 oder 2 TL auf 10 l Wasser in die Gießkanne geben.

JMS

JMS, kurz für JADAM Microbial Solution, ist ein vorzügliches Flüssigpräparat, das mit Laubhumus als Aktivator geimpft wird. Dabei vermehren sich nützliche Mikroben, die die Bodenstruktur verbessern und Nährstoffe aufspalten, sodass die Pflanzen sie aufnehmen können. Zudem schützen sie die Pflanzenwurzeln. Am besten wirkt die Lösung, wenn man sie ein paar Wochen vor dem Bepflanzen des Bodens ausbringt.

Sind die Nutzpflanzen größer, wässert man sie mit der JMS-Lösung, um dem Boden weiter etwas Gutes zu tun und die Pflanzengesundheit zu fördern. Die Mikroben reagieren aber empfindlich auf Temperaturschwankungen. Will man JMS also im Folientunnel ausbringen, empfehle ich, die Lösung im Tunnel anzusetzen.

JMS ansetzen

- 50-l-Tonne mit Griffdeckel
- 2 mittelgroße gekochte Kartoffeln
- 1 Handvoll Laubhumus
- 1 TL Meersalz
- Stofftuch oder Sackleinen, 50 x 50 cm
- Schnur

1. Die Tonne mit Regenwasser füllen.

2. Die Kartoffeln und den Laubhumus in die Mitte des Tuchs legen.

3. Die 4 Ecken zusammenschlagen und mit der Schnur zu einem Säckchen zusammenbinden.

4. Eine zweite Schnur an den Deckelgriff binden und das Säckchen so daran befestigen, dass es ins Wasser hängt, aber nicht zu Boden sinkt. Hat der Deckel keinen Griff, das Schnurende mit einem Ziegelstein fixieren.

5. Das Meersalz ins Wasser geben, dann das Säckchen kneten, damit Kartoffeln und Laubhumus gut vermischt werden. Das Wasser wird sich dadurch trüben.

6. Deckel auf die Tonne legen und 3–5 Tage stehen lassen.

7. Sobald sich weiße Bläschen auf der Oberfläche des Wassers bilden, ist das JMS fertig. Nicht warten, bis die Bläschen braun werden, denn dann sind die Mikroben nicht mehr so aktiv.

8. Für das Ausbringen auf nackter Erde das JMS im Verhältnis 1:10, für bepflanzte Beete auf 1:20 verdünnen.

PFLANZENJAUCHE

Ein schnell angesetzter Flüssigdünger aus Pflanzen, die vielleicht sogar in Ihrem Garten oder in der Nähe wachsen. Sammeln Sie Beinwell, Brennnesseln, Borretsch, Ampfer, Disteln, Gräser und Löwenzahn und setzen Sie daraus eine ausgewogene Jauche an oder nehmen Sie nur eine einzige Ingredienz, um einen Spezialdünger anzusetzen. Beinwelljauche etwa eignet sich vor allem für Tomaten und Kürbisse.

Füllen Sie dazu einfach einen Eimer mit dem gesammelten Material und geben Sie so viel Wasser dazu, dass es komplett angedeckt ist. Dann lassen Sie das Ganze 2 Wochen lang an einem trockenen Ort stehen (rechts oben). In einer Verdünnung von 1:10 kann man damit Kulturen wöchentlich düngen (rechts unten). Ist die Jauche älter als 4 Wochen, verdünnt man sie auf 1:20.

Tipp
Wer keine Jauche ansetzen will, kann stattdessen Bio-Algendünger kaufen.

KONZENTRATE

Brennnesseln, Beinwell, Borretsch und Ampfer enthalten besonders viele Mineralien und lassen sich

hervorragend zu Düngerkonzentrat verarbeiten. Sammeln Sie genug Laub (von einer einzigen Art oder mehreren), füllen Sie einen Eimer oder Trog damit und legen Sie einen Stein als Gewicht darauf. Wasser muss nicht eingefüllt werden. Decken Sie das Ganze lose ab und lassen Sie es 2–3 Monate stehen. Die daraus entstandene dunkle Flüssigkeit wird in ein Glas gefüllt. In einer Verdünnung von 1:100 kann man damit alle 14 Tage seine Nutzpflanzen wässern.

Der Spätsommer ist ideal, um Konzentrate anzusetzen. So sind sie zu Beginn der nächsten Saison einsatzbereit. Die sirupartige Flüssigkeit bewahrt man in Plastik- oder Glasflaschen auf und stellt sie zum Lagern an einen kühlen, dunklen Ort.

Jäten und schützen

Unkraut konkurriert mit Nutzpflanzen um Wasser und Nährstoffe. Durch regelmäßiges Jäten verhindert man, dass die ungebetenen Gäste zum Problem werden. Ein strenger Frost zu Saisonbeginn kann Jungpflanzen über Nacht schädigen oder sogar völlig vernichten. Ich schütze Empfindliches daher mit mehreren Maßnahmen vor dem Erfrieren.

JÄTEN

Da unser Selbstversorgungsgarten überschaubar groß ist, nimmt das Jäten nicht allzu viel Zeit in Anspruch, sobald man eine regelmäßige Routine etabliert hat. Gehen Sie alle 2–3 Tage durch die Beete und zupfen Sie das Unkraut aus. Was beim letzten Mal unentdeckt geblieben ist und sich ausgebreitet hat, kann man mit einer Handharke aus der Erde hebeln.

Mit der Hacke
Ich verwende beim Jäten am liebsten eine langstielige Pendel- bzw. Bügelhacke. Sie schont im Gegensatz zum Jäten von Hand den Rücken (Bild rechts). Hat sie ein schmales Blatt, kann man auch zwischen Pflanzreihen damit arbeiten, indem man sie 1–2 cm tief durch die Erde zieht und Unkräuter so unterirdisch kappt. Hacken Sie am besten an sonnigen Tagen morgens, wenn Wind weht, damit die Unkräuter schnell auf der Oberfläche welken und vertrocknen. So ersparen Sie sich das Aufsammeln.

Winter
Unkräuter breiten sich auch in den kalten Monaten aus, wenn wir seltener im Garten sind. Decken Sie nackte Erde mit ein paar Lagen Kartonpapier ab, das Sie mit Steinen beschweren. Im Frühjahr entfernen Sie den Karton und werfen ihn auf den Komposter.

SCHÜTZEN

Frostschäden können Sie am einfachsten dadurch vermeiden, dass Sie wissen, wann in Ihrer Gegend mit den letzten Spätfrösten zu rechnen ist, und den Wetterbericht im Auge behalten. Droht Frost, obwohl Sie nicht winterhartes Gemüse bereits ausgepflanzt haben, können Sie es mit einer der drei folgenden Maßnahmen schützen.

Vliese
Sobald mit Frost zu rechnen ist – ich werde bei einer nächtlichen Tiefsttemperatur

von 4 °C nervös –, legen Sie ein dickes Gartenvlies (mindestens 30 g/m^2) über Kulturen wie Frühkartoffeln. Fixieren Sie die Ränder mit Steinen oder Brettern, damit sie nicht weggeweht werden. Abdeckvliese sind wie eine warme Wolldecke und halten viele Jahre lang. Weil sie Licht durchlassen, können sie auch einmal länger auf den Pflanzen bleiben. Falls Sie knapp bei Kasse sind, tut es auch eine alte Folie. Sie muss aber über Stäbe gelegt werden, damit sie nicht direkt auf dem Laub aufliegt.

Pflanzglocken
Schneiden Sie von einer großen Plastikflasche den Boden ab und stülpen Sie sie über frostempfindliche Setzlinge, etwa von Zucchini, am besten am Nachmittag, damit sich das Innere noch vor der Nacht aufwärmen kann. Am nächsten Tag kann man den Deckel aufschrauben und so frische Luft ins Innere lassen. Diese Methode eignet sich auch hervorragend, Setzlinge bei kühler Witterung schneller wachsen zu lassen.

Kartonschachteln
Sie sind ein preiswerter Frostschutz, etwa für frisch gepflanzte Kürbissetzlinge. Droht Nachtfrost, stülpt man sie am frühen Abend über die Pflanzen und beschwert sie mit einem Stein, falls es windig ist. Am nächsten Morgen wird die Schachtel wieder weggenommen.

Bezugsquellen & Informationen

ANBAU

Saatgut
Beetfreunde beetfreunde.de
Bingenheimer Saatgut bingenheimersaatgut.de
Kiepenkerl kiepenkerl.de
Samenhaus samenhaus.de

Torffreie Substrate
Brill brill-substrate.com
Frux frux.de
Presto Humus presto-humus.de

Saatschalen, Multitopfplatten und andere Pflanzgefäße
Bloomling bloomling.de

Folientunnel
FVG fvg-folien.de

Gartenwerkzeug
Gardena gardena.com
Krumpholz krumpholz-gartenwerkzeug.de

Schuhwerk
Gummistiefelprofi gummistiefelprofi.de

Pflanzen
Dehner, Pötschke, Gemüseprofi uvm.

Bücher
Das Gartenbuch Monty Don
Das große Buch der Selbstversorgung Dick Strawbridge, James Strawbridge
Das neue Buch vom Leben auf dem Lande John Seymour
Hochbeet Huw Richards
Mein Gemüsegarten Huw Richards
No Dig – Gärtnern ohne Umgraben Charles Dowding

Empfohlene Youtube-Kanäle
Der Gartencoach
Selbstversorger Rigotti
Die Selbstversorger Familie
Der Selbstversorgerkanal
Wurzelwerk
Huw Richards (in englischer Sprache)

ESSEN

Bücher
Vom Kochen & Leben auf dem Land Julius Roberts
Selbermachen – Das Kochbuch: Vom Fermentieren, Einlegen ... James Strawbridge
Das Larousse – Buch vom Brot Eric Kayser
Das ganze Jahr im Glas André Spange Nabulsi
Das kleine feine Einmachbuch Stephanie Kosten
Frische Gemüseküche James Strawbridge

Rezepte online
chefkoch.de

Ausrüstung
pH-Messgerät (ein preiswertes tut es auch)
Einmachgläser kilner.de

Register

L

M

Dank

Dank von Huw und Sam

Wir danken dem DK-Team, weil es von Anfang an unser Projekt geglaubt hat. Ein besonderer Dank gilt Katie Cowan dafür, dass sie uns grünes Licht gegeben hat, aber auch Ruth, Max, Glenda und natürlich Lucy, die das Projekt in ein konkretes Buch verwandelt hat.
Ein weiterer Dank geht an Laura Macdougall von United Agents für ihre unglaubliche Unterstützung.

Wir danken unserer Kollegin Stacey Bell, weil sie den organisatorischen Leim geliefert hat, der alles zusammengehalten hat, und unserem Kollegen Neil Jones, weil er unser Gartenzwerg war. Bleib so, wie du bist!

Huws Dank

Ich danke meiner Familie: Steven, Clarrissa und Flur – ihr seid mein größter Fanclub. Ein Dank geht auch an Sam Cooper, weil er meinen ständigen Wasserfall an Ideen und Fragen ertragen hat. Weiter danke ich meinen Followern – ohne euch wäre nichts möglich, vor allem nicht dieses Buch. Ein letzter Dank geht an mein Stammcafé Medina, das meine Schreibzuflucht war.

Sams Dank

Ich danke meiner Familie und all meinen Lieben: Wai Yan, Jane, Margaret und Ben für ihre unendliche Geduld, Unterstützung und Inspiration und dafür, dass sie immer Zeit für gutes, ehrliches Essen hatten, Huw Richards, der die vielen wunderbaren Köstlichkeiten angebaut hat, all meinen Followern, die die beste Foodie-Community sind, die man sich vorstellen kann, und den vielen Köchen und Bäckern, mit denen ich gern zusammengearbeitet und von denen ich gelernt habe.

Dank des Verlags

DK dankt Daniel Crisp für die Abbildung auf Seite 24, Dawn Titmus für das Lektorat, Lisa Footitt für die Erstellung des Registers und Steve Crozier für die Reproarbeiten.

Über die Autoren

Huw Richards ist Permakulturist, Digital Creator und Co-Direktor von Regenerative Media in Wales. Schon mit 12 Jahren gründete er seinen eigenen Youtube-Kanal über Eigenanbau. Inzwischen hat sein Kanal mehr als 750 000 Abonnenten und seine Videos wurden mehr als 85 Millionen Mal gesehen. Huw hat es sich zum Ziel gemacht, möglichst vielen Menschen den Anbau von Selbstgezogenem näherzubringen. Bei DK sind bereits drei Bücher von ihm erschienen: *Hochbeet* (2020), *Frische Ernte zum kleinen Preis* (2021) und *Mein Gemüsegarten* (2023). Außerdem findet man Huw auf Instagram unter @huwsgarden.

Sam Cooper arbeitete ursprünglich als Koch in der englischen Grafschaft Shropshire und in Wales, bis er Huw Richards begegnete und mit ihm Co-Direktor von Regenerative Media wurde. Sein Instagram-Account @chef.sam.black hat mehr als 500 000 Follower. Er veröffentlicht dort Videos über selbst angebautes, saisonales und wild gesammeltes Essen mit Schwerpunkt auf Fermentieren. Für dieses Buch hat Sam das Kapitel *In der Küche* verfasst. 2022 ist unter dem Titel *The Nature of Food* sein erstes Buch erschienen.

DK London
Lektorat
Katie Cowan, Ruth O'Rourke, Lucy Philpott, Anna Kruger

Gestaltung und Bildredaktion
Maxine Pedliham, Glenda Fisher, Izzy Poulson, Heather Blagden, Matt Cox (Newman+Eastwood Ltd.)

Umschlaggestaltung
Emily Cannings

Umschlagillustrationen
Sam Cooper

Herstellung
David Almond, Stephanie McConnell

Illustrationen Tobatron

Für die deutsche Ausgabe:
Projektbetreuung Manuela Stern
Herstellungskoordination Katharina Schäfer
Herstellung und Covergestaltung Verena Marquart

Titel der englischen Originalausgabe:
The Self-Sufficiency Garden

Übersetzung Reinhard Ferstl
Lektorat Corina Steffl

ISBN 978-3-8310-5002-4
5902-337596-23631-01

Druck und Bindung Leo Paper Products, China

MIX
Papier | Fördert gute Waldnutzung
FSC® C018179
FSC www.fsc.org

www.dk-verlag.de

Hinweis
Die Informationen und Ratschläge in diesem Buch sind von den Autoren und vom Verlag sorgfältig erwogen und geprüft, dennoch kann eine Garantie nicht übernommen werden. Eine Haftung der Autoren bzw. des Verlags und seiner Beauftragten für Personen-, Sach- und Vermögensschäden ist ausgeschlossen.

Noch mehr Spaß und Lesefreude

ISBN 978-3-8310-3229-7

ISBN 978-3-8310-4871-7

ISBN 978-3-8310-5029-1

ISBN 978-3-8310-4158-9